企业安全健康与应急管理丛书

李永江　主编

QIYE ZHIYE JIANKANG YU YINGJI QUANAN

企业职业健康与应急全案

实战精华版

U0387884

化学工业出版社

·北京·

《企业职业健康与应急全案（实战精华版）》是"企业安全健康与应急管理丛书"之一，本书旨在帮助企业建立科学的职业健康安全管理体系，确保企业顺利、平稳地开展生产工作。

《企业职业健康与应急全案（实战精华版）》简要介绍了职业卫生基础工作，并为企业做好职业健康安全工作提供了措施：职业危害因素分类、识别与控制，工作场所职业病危害警示标示管理，职业病防护设施、用品的配备与管理，职业卫生监护，职业危害事故应急预案与演练，最后介绍建立职业健康安全管理体系。

《企业职业健康与应急全案（实战精华版）》配有大量案例来讲述企业员工职业健康安全工作，并配有大量范本可供企业借鉴。本书适合各类企业的生产管理人员、安全管理人员、培训和管理咨询人员、企业管理者，以及高校相关专业师生阅读和使用。

图书在版编目（CIP）数据

企业职业健康与应急全案：实战精华版 / 李永江主编. — 北京：化学工业出版社，2020.1
（企业安全健康与应急管理丛书）
ISBN 978-7-122-35779-3

Ⅰ. ①企… Ⅱ. ①李… Ⅲ. ①企业管理－劳动保护－劳动管理－中国 ②企业管理－劳动卫生－卫生管理－中国
Ⅳ. ①X92 ②R13

中国版本图书馆 CIP 数据核字（2019）第 263773 号

责任编辑：高 震 刘 丹		美术编辑：王晓宇
责任校对：宋 玮		装帧设计：水长流文化

出版发行：化学工业出版社（北京市东城区青年湖南街 13 号 邮政编码 100011）
印　　装：三河市延风印装有限公司
787mm×1092mm 1/16 印张 14¾ 字数 316 千字 2020 年 2 月北京第 1 版第 1 次印刷

购书咨询：010-64518888　　　　　　　　售后服务：010-64518899
网　　址：http://www.cip.com.cn
凡购买本书，如有缺损质量问题，本社销售中心负责调换。

定　　价：68.00 元

Preface
前言

　　建立职业健康安全与劳动保护体系是保护社会生产力和劳动者权益，为企业安全生产和职工健康服务的重要工程，是企业顺利发展的前提和保障，是生产经营工作的必然需求，与生产唇齿相依。因为职业危害不仅影响劳动者的身体健康，而且会对企业的经营，甚至企业的形象产生严重的影响。因此，企业要把职业健康作为头等大事来抓。

　　首先，企业必须建立职业健康安全责任制，即规定各级管理人员、各个部门、各类人员在他们各自的职责范围内对职业健康安全应负的责任，这是根据安全生产法规建立的各级人员在工作过程中对职业健康安全层层负责的制度，它是一项基本的制度，也是职业健康安全管理的核心，是我国现行的职业健康安全管理的主要内容。它反映了生产过程的自然规律，是对长期生产实践经验和事故教训的总结，是贯彻执行"安全第一，预防为主，综合治理"方针的基本保证。

　　其次，企业要加强对于职业危害的控制。国家、省市都出台了许多有关职业病防治的法律、法规、政策和标准，然而，要使这些法律法规真正落实下来，除了监管机构的监管，关键是靠企业的执行。但是，许多企业对职业危害的认识并不深刻，部分企业甚至不知道自己的生产过程中存在职业危害，只有当职业病发生了，才会采取某些行动。

　　第三，要控制好危险源。众所周知，在人们的工作环境中，总是存在这样那样潜在的危险源，可能会损坏财物、危害环境、影响人体健康，甚至造成伤害事故。这些危险源有化学的、物理的、生物的、人体工效和其他种类的。人们将某一或某些危险引发事故的可能性和其可能造成的后果称为风险。风险可用发生概率、危害范围、损失大小等指标来评定。

第四，要持续改进职业健康安全绩效。ISO 45001是全球首个ISO职业健康安全标准，它将帮助企业为其员工和其他人员提供安全、健康的工作环境，防止发生死亡、工伤和健康问题，并致力于持续改进职业健康安全绩效。

但是许多企业并不知道该如何进行职业健康安全的管理。基于此，我们结合多年来的经验，根据《中华人民共和国突发事件应对法》《中华人民共和国安全生产法》《中华人民共和国职业病防治法》《国家安全生产事故灾难应急预案》《工作场所职业健康监督管理规定》《工作场所职业病危害警示标识》（GBZ158）和《高毒物品作业岗位职业病危害告知规范》（GBZ/T 203）等相关法律法规、标准要求，结合ISO 45001:2018职业健康安全管理体系的要求，组织编写了《企业职业健康与应急全案（实战精华版）》一书，以期能够为企业在职业健康安全与应急管理方面提供切实的帮助。

本书包括职业健康基础工作，职业危害因素分类、识别与控制，工作场所职业病危害警示标识管理，职业病防护设施、用品的配备与管理，职业健康监护，职业危害事故应急预案与演练，ISO 45001:2018职业健康安全管理体系共7章内容。

本书最大的特点是具有极强的可读性和实际操作性，本书提供了大量的案例，全部来自国内知名企业，但案例是为了解读企业职业健康与应急全案的参考和示范性说明，概不构成任何广告；同时，本书中的信息来源于已公开的资料，作者对相关信息的准确性、完整性或可靠性做尽可能的追溯，但不做任何保证。

由于编者水平有限，书中难免出现疏漏与缺憾，敬请读者批评指正。

编者

阅读指引

加强职业健康管理，是企业管理实现质的飞跃的具体体现。生命的状态不仅仅是活着，还有健康。随着员工安全意识的提高，对安全工作的要求已经不仅仅是避免伤亡事故，还要保障自己的身体健康，追求更高的生命质量。企业的工作也不仅是实现安全生产，而是向全面做好员工的生命健康工作转变。只有健康的人才能从事一切活动，企业的健康管理是提高员工生命质量的重要手段。

企业在"保障生命"到"保障健康"理念的指导下，奋斗目标由过去的单纯防范和控制人身伤亡，向保障员工的职业健康这一更高的目标和层次迈进，从而将保护员工健康的各种措施与企业的管理有机地融为一体，有效地改善员工的作业条件，减少并控制各种危害员工身体健康的现象，实现管理工作质的飞跃。

因此，我们编写《企业职业健康与应急全案（实战精华版）》一书。以下为本书指引。本书内容分为七大章十九节，具体如下表所示。

《企业职业健康与应急全案（实战精华版）》的内容构成

第1章	职业健康基础工作	·建立职业健康管理责任制 ·开展职业健康宣传与教育 ·职业危害因素告知
第2章	职业危害因素分类、识别与控制	·生产性粉尘 ·生产性毒物 ·物理性有害因素 ·生物性有害因素 ·职业病危害因素识别
第3章	工作场所职业病危害警示标识管理	·职业病危害警示标识的类型 ·职业病危害警示标识的设置要求
第4章	职业病防护设施、用品的配备与管理	·职业病防护设施的配备与管理 ·职业病个人防护用品的配备与管理
第5章	职业健康监护	·职业健康监护概述 ·企业如何进行职业健康监护 ·职业病危害因素检测
第6章	职业危害事故应急预案与演练	·职业危害事故应急预案的制定 ·定期开展事故应急救援演练
第7章	ISO 45001:2018职业健康安全管理体系	·ISO 45001:2018职业健康安全管理体系概述 ·ISO 45001:2018职业健康安全管理体系的建立

本书排版形式活泼，方便阅读。

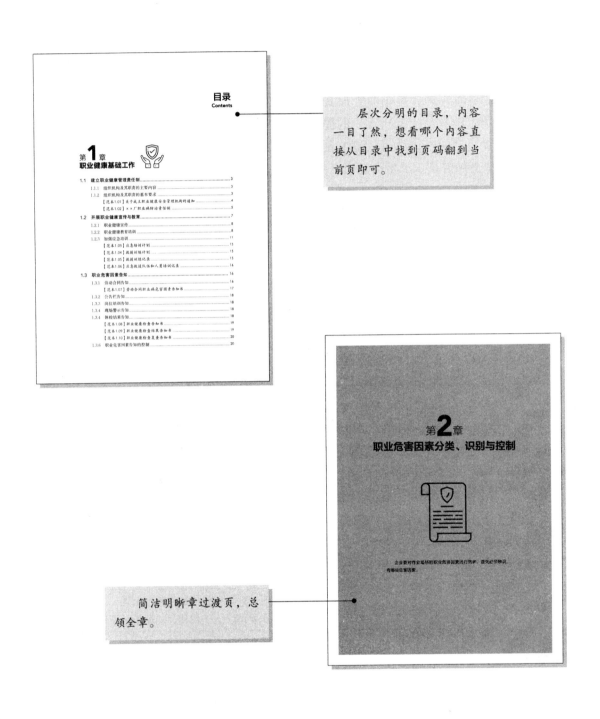

层次分明的目录，内容一目了然，想看哪个内容直接从目录中找到页码翻到当前页即可。

简洁明晰章过渡页，总领全章。

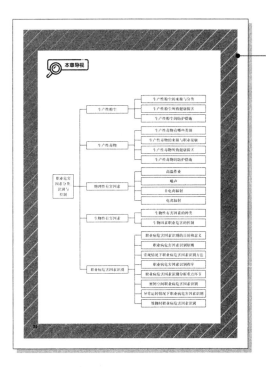

章后的纲目图，清晰地展示本章的逻辑结构和内容。

节名和内容要求层级分明。

书眉上显示章名，以方便查找。

每章的范本都按前后排序，具可追溯性。

表格规范、整齐，使内容读来更加轻松、明晰。

范本的内容来自于规范化管理的中国500强企业，具有极强的实际可操作性，读者可拿来即用，进行个性化DIY，大大提高工作效率。

职业病危害因素识别分析程序如下图所示。

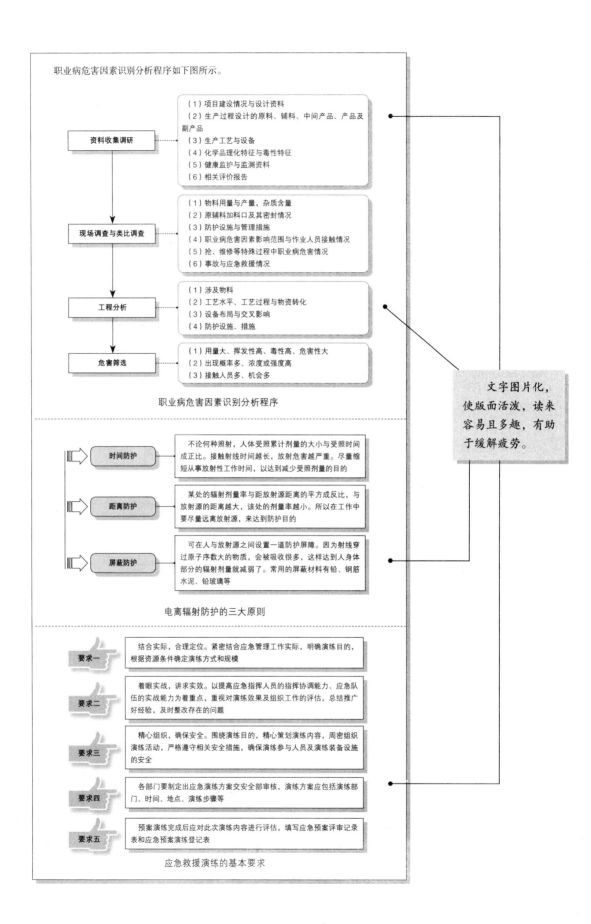

| 资料收集调研 | ·····> | （1）项目建设情况与设计资料
（2）生产过程设计的原料、辅料、中间产品、产品及副产品
（3）生产工艺与设备
（4）化学品理化特征与毒性特征
（5）健康监护与监测资料
（6）相关评价报告 |

| 现场调查与类比调查 | ·····> | （1）物料用量与产量，杂质含量
（2）原辅料加料口及其密封情况
（3）防护设施与管理措施
（4）职业病危害因素影响范围与作业人员接触情况
（5）抢、维修等特殊过程中职业病危害情况
（6）事故与应急救援情况 |

| 工程分析 | ·····> | （1）涉及物料
（2）工艺水平、工艺过程与物资转化
（3）设备布局与交叉影响
（4）防护设施、措施 |

| 危害筛选 | ·····> | （1）用量大、挥发性高、毒性高、危害性大
（2）出现概率多、浓度或强度高
（3）接触人员多、机会多 |

职业病危害因素识别分析程序

> 文字图片化，使版面活泼，读来容易且多趣，有助于缓解疲劳。

时间防护	不论何种照射，人体受照累计剂量的大小与受照时间成正比。接触射线时间越长，放射危害越严重。尽量缩短从事放射性工作时间，以达到减少受照剂量的目的
距离防护	某处的辐射剂量率与距放射源距离的平方成反比，与放射源的距离越大，该处的剂量率越小。所以在工作中要尽量远离放射源，来达到防护目的
屏蔽防护	可在人与放射源之间设置一道防护屏障。因为射线穿过原子序数大的物质，会被吸收很多，这样达到人身体部分的辐射剂量就减弱了。常用的屏蔽材料有铅、钢筋水泥、铅玻璃等

电离辐射防护的三大原则

要求一	结合实际，合理定位。紧密结合应急管理工作实际，明确演练目的，根据资源条件确定演练方式和规模
要求二	着眼实战，讲求实效。以提高应急指挥人员的指挥协调能力、应急队伍的实战能力为着重点，重视对演练效果及组织工作的评估，总结推广好经验，及时整改存在的问题
要求三	精心组织，确保安全。围绕演练目的，精心策划演练内容，周密组织演练活动，严格遵守相关安全措施，确保演练参与人员及演练装备设施的安全
要求四	各部门要制定出应急演练方案交安全部审核，演练方案应包括演练部门、时间、地点、演练步骤等
要求五	预案演练完成后应对此次演练内容进行评估，填写应急预案评审记录表和应急预案演练登记表

应急救援演练的基本要求

目录
Contents

第**1**章
职业健康基础工作

第**2**章
职业危害因素分类、识别与控制

第3章
工作场所职业病危害警示标识管理

第4章
职业病防护设施、用品的配备与管理

第5章
职业健康监护

第6章
职业危害事故应急预案与演练

第7章
ISO 45001:2018职业健康安全管理体系

第 **1** 章
职业健康基础工作

企业要对职业健康进行有效的控制，一定要打好根基。

本章导视

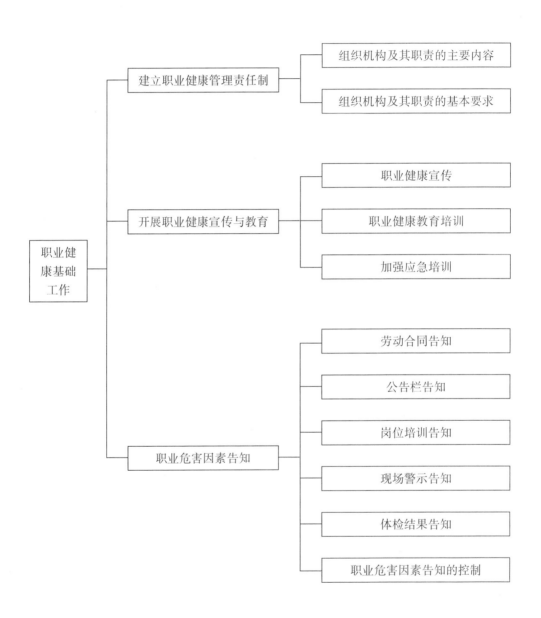

职业健康基础工作

├─ 建立职业健康管理责任制
│   ├─ 组织机构及其职责的主要内容
│   └─ 组织机构及其职责的基本要求
│
├─ 开展职业健康宣传与教育
│   ├─ 职业健康宣传
│   ├─ 职业健康教育培训
│   └─ 加强应急培训
│
└─ 职业危害因素告知
    ├─ 劳动合同告知
    ├─ 公告栏告知
    ├─ 岗位培训告知
    ├─ 现场警示告知
    ├─ 体检结果告知
    └─ 职业危害因素告知的控制

1.1 建立职业健康管理责任制

职业健康安全责任制就是规定各级管理人员、各个部门、各类人员在他们各自的职责范围内对职业健康安全应负的责任的制度。

职业健康安全责任制是根据安全生产法规建立的各级人员在工作过程中对职业健康安全层层负责的制度，它是一项基本的制度，也是职业健康安全管理的核心，是我国现行的职业健康安全管理的主要内容。它反映了生产过程的自然规律，是对长期生产实践经验和事故教训的总结，是贯彻执行"安全第一，预防为主，综合治理"方针的基本保证。

1.1.1 组织机构及其职责的主要内容

任何一个为实现其方针、目标要求所设立的组织机构应包含合理分工、加强协作、明确定位、赋予权限几点内容。

（1）合理分工。为某种需要而建立的管理体系，其中包含有若干相互关联的管理要素，这些管理要素都要借助于一定的职能部门合理的分工，才能有效地实施这些管理要素，才能使这些管理要素构成一个能自我约束、自我调节、自我完善的运行机制，才能形成一个完整的管理体系。因此，依据管理要素的基本要求，合理分工是明确组织机构及其职责的第一个基本内容。

（2）加强协作。职业健康安全管理中的管理要素不是孤立的，是相互联系、相互制约、相辅相成的关系。任何管理要素都包含预防、控制及监督等多种功能。管理要素的实施需要由多个相关部门互相配合，既有实施部门，又有监督部门；既有管理要素的主管部门，又有配合实施的相关部门。总之，在合理分工的基础上，又要加强协作，这是明确组织机构及其职责的第二个基本内容。

（3）明确定位。按职业健康安全管理要素的要求，确定了主管部门和相关部门，分别赋予不同的管理功能，进一步就是明确定位，将岗位职责落实到人，做到人人讲安全，事事要安全，处处保安全，人人尽职尽责，这是明确组织机构及其职责的第三个基本内容。

（4）赋予权限。依据职业健康安全管理要素的要求，实施了合理分工，加强了协作，确定了岗位职责，按管理工作的需要，尚需针对不同部门、不同岗位的分工，赋予相应的职责和权限，以便于监督检查，便于职工业绩的考核，便于调动全体员工的敬业精神，这也是明确组织机构及其职责的第四个基本内容。

1.1.2 组织机构及其职责的基本要求

（1）调整和明确组织原有管理机构及其职责。职业健康安全管理体系是企业全面管理体系的一部分。在建立职业健康安全管理体系过程中，组织的原有管理机构可作为实施职业健康安全管理体系的组织保证。按照职业健康安全管理体系标准要求，调整组织各职能部门的管理功能，使其相互协调，切实做到有一个合理分工、加强协作、明确定位、赋予相应职责权限的管理机构。在进行调整的时候，应以书面的形式予以公告，最后在企业的公告栏贴出有关成立职业健康安全管理机构的通知，如下范本所示，仅供读者参考。

范本1.01
关于成立职业健康安全管理机构的通知

为了预防、控制和消除职业病危害，防治职业病，保护我厂职工的健康及其相关权益，改善生产作业环境，搞好职业健康工作，促进我厂的经济可持续发展，根据《中华人民共和国职业病防治法》的规定，经×××年××月××日厂办公会议研究，决定成立我厂职业健康工作领导小组，办事机构设在××处（科）。现将有关决定通知如下。

一、职业健康工作领导小组成员

组长：1名（厂长或企业分管职业健康的副厂长）。

副组长：2名（企业分管安全生产、职业健康部门负责人）。

组员：由安全技术、卫生、工会等职能部门和有关车间主任组成。

职业健康工作领导小组全面负责全厂的职业健康工作。

二、各车间职业健康管理机构

负责人：车间主任。

组员：各班（组）长。

三、×××处（科）为本单位职业健康管理机构，在其内设专（兼）职的职业健康专业人员，负责本单位的职业病防治工作

1. 建立好本单位的职业健康管理台账及有关档案，并妥善保存。

2. 依法组织对劳动者进行上岗前、在岗期间、离岗时、应急的职业健康检查，发现有与所从事职业有关的健康损害的劳动者，及时调离原岗位，并妥善安置。

3. 依法组织对劳动者的职业健康教育与培训。

4. 向劳动者提供符合职业病防治要求的职业健康防护设施和个人防护用品，积极改善劳动条件。

5. 依法组织本单位职业病患者的诊疗。

6. 定期、不定期对全厂和各部门职业病防治工作开展情况进行检查，对查出的问题及时处理，或上报领导小组处理，落实部门按期解决。

四、×××处（科）负责本单位职业病危害因素监测管理，在其内设（兼）职专业人员，负责日常监测

1. 组织开展对本单位各作业场所的职业病危害因素日常监测。

2. 建立好本单位的职业病危害监测档案，并妥善保存。

3. 定期委托有资质的职业健康技术服务机构对作业场所进行职业病危害检测与评价。

4. 检测与评价结果及时向卫生行政部门报告，并向劳动者公布。

××厂

_____年___月___日

（2）设置负责职业健康安全管理体系运行的管理部门。为使职业健康安全管理体系有效实施，企业应结合组织的类型、规模和特点，设置负责职业健康安全管理体系运行的管理部门，其主要职责是负责职业健康安全管理体系的建立、运行、协调及监督管理，不断地发现管理体系运行中的问题，及时调整、改进。

（3）明确各个岗位人员的职责。为便于有效地进行职业健康安全管理，组织内各个岗位人员的作用、职责和权限都应被界定。

组织的最高管理者应承担组织在职业健康安全方面的最终责任。组织还要在最高管理层任命一名成员承担确保职业健康安全管理体系正确实施和运行的特定职责。

在此，提供一份某企业的职业病防治责任制的范本，仅供读者参考。

范本1.02
××厂职业病防治责任制

一、总则

1. 为贯彻执行国家有关职业病防治的法律、法规、政策和标准，加强对职业病防治工作的管理，提高职业病防治的水平，切实保障劳动者在劳动过程中的健康与安全，根据《中华人民共和国职业病防治法》第五条的规定，特制定本制度。

2. 本制度是从组织上、制度上落实"管生产必须管安全"的原则，使各级领导、各职能部门、各生产部门和职工明确职业病防治的责任，做到层层有责，各司其职，各负其责，做好职业病防治，促进生产可持续发展。

3. 本制度规定从厂部领导到各部门有关职业病防治的职责范围，凡本厂发生职业病危害事故，以本制度为标准追究责任。

4. 为保证本制度的有效执行，今后凡有行政体制变动，均以本制度规定的职责范围，对照落实相应的职能部门和责任人。

二、各部门和人员的职责

（一）厂长的职责

1. 认真贯彻国家有关职业病防治的法律、法规、政策和标准，落实各级职业病防治责任制，确保劳动者在劳动过程中的健康与安全。

2. 设置与企业规模相适应的职业健康管理机构，建立三级职业健康管理网络，配备专业或兼职职业健康专业人员，负责本单位的职业病防治工作。

3. 每年向职工代表大会报告企业职业病防治工作规划和落实情况，主动听取职工对本企业职业健康工作的意见，并责成有关部门及时解决提出的合理建议和正当要求。

4. 每季召开一次职业健康领导小组会议，听取工作汇报，亲自研究和制订年度职业病防治计划与方案，落实职业病防治所需经费，督促落实各项防范措施。

5. 根据"三同时"原则，企业新、改、扩建或技术改造、技术引进项目可能产生职业病危害的，应由卫生行政部门审核同意方可进行建设，切实做到职业病防护设施与主体工程同时设计、同时施工、同时投入生产和使用。

6. 亲自参加企业内发生职业病危害事故的调查和分析，对有关责任人予以严肃处理。

7. 对本企业的职业病防治工作负全面领导责任。

（二）企业分管职业健康的副厂长、职业健康工作领导小组职责

在厂长的领导下，根据国家有关职业病防治的法律、法规、政策和标准的规定，在企业中具体组织实施各项职业病防治工作，具体职责如下。

1. 组织制定（修改）职业健康管理制度和职业健康安全操作规程，并督促执行。

2. 根据企业机构设置，明确各部门、人员职责。

3. 制订企业年度职业病防治计划与方案，并组织具体实施，保证经费的落实和使用。

4. 直接领导本企业职业病防治工作，建立企业职业健康管理台账和档案。

5. 组织对全厂干部、职工进行职业健康法规、职业知识培训与宣传教育。对在职业病防治工作中有贡献的部门和人员进行表扬、奖励，对违章者、不履行职责者进行批评教育和处罚。

6. 经常检查全厂和各部门职业病防治工作开展情况，对查出的问题及时研究，制定整改措施，落实部门按期解决。

7. 经常听取各部门、车间、安技人员、职工关于职业健康有关情况的汇报，及时采取措施。

8. 对企业内发生的职业病危害事故采取应急措施，及时报告，并协助有关部门调查和处理，对有关责任人予以严肃处理。

9. 对本企业的职业病防治工作负直接责任。

（三）企业技术部门的职责

1. 编制企业生产工艺、技术改进方案，规划安全技术、劳动保护、职业病防治措施等，改善职工劳动条件，促进文明生产。

2. 编制生产过程的技术文件、技术规程，制作和提供生产过程中的职业病危害因素种类、来源、产生部位等技术资料。

3. 对生产设施、防护设施进行维护保养、检修，确保安全运行。

4. 对本企业的职业病防治工作负技术责任。

（四）专（兼）职职业健康专业人员职责

1. 协助领导小组推动企业开展职业健康工作，贯彻执行国家法规和标准。汇总和审

查各项技术措施、计划，并且督促有关部门切实按期执行。

2. 组织对职工进行职业健康培训教育，总结推广职业健康管理先进经验。

3. 组织职工进行职业健康检查，并建立健康检查档案。

4. 组织开展职业病危害因素的日常监测、登记、上报、建档。

5. 组织和协助有关部门制定制度、职业健康安全操作规程，对这些制度的执行情况进行监督检查。

6. 定期组织现场检查，对检查中发现的不安全情况，有权责令改正，或立即报告领导小组研究处理。

7. 负责职业病危害事故报告，参加事故调查处理。

8. 负责建立企业职业健康管理台账和档案，负责登录、存档、申报等工作。

（五）车间主任职责

在分管副厂长的领导下工作，具体职责如下。

1. 把企业职业健康管理制度的措施贯彻到每个具体环节。

2. 组织对本车间职工的职业健康培训、教育，发放个人防护用品。

3. 督促职工严格按操作规程生产，确保个人防护用品的正确使用。严加阻止违章、冒险作业。

4. 定期组织本车间范围的检查，对车间的设备、防护设施中存在的问题，及时报领导小组，采取措施。

5. 发生职业病危害事故时，迅速上报，并及时组织抢救。

6. 对本车间的职业病防治工作负全部责任。

（4）落实和完善开展职业健康安全管理的组织结构关系

①明确各职能部门的职业健康安全管理功能，及其所涉及的管理要素。

②明确职业健康安全管理体系中各管理要素的主管部门及相关部门。

③指明各职能部门在实施相关管理要素中的主要职责和权限。

④在职业健康安全管理体系的管理要素职责分配中应包含有监督机制。除在管理要素实施过程中加强自检、自查之外，还应健全职业健康安全管理体系运行中的监督机制，从组织管理机构设置上，给予一定的保证。

1.2 开展职业健康宣传与教育

职业健康宣传与教育是职业健康监管的一项重要基础性工作，是贯彻落实职业病防治工作"预防为主、防治结合"方针的具体体现。

1.2.1 职业健康宣传

企业要经常性地采取多种形式来对职业健康安全进行宣传。

（1）单位利用公示栏、黑板报（墙报）、厂报、会议、培训、张贴标语等形式定期开展职业健康宣传。

（2）部门车间要利用班前班后会、安全报阅读、现场岗位职业病危害讲解以及职业病危害标志牌标识、公告栏等进行职业健康宣传。

1.2.2 职业健康教育培训

对职工进行职业健康教育培训，是职业健康服务的一项重要内容。

（1）教育培训的目的。企业开展职业健康教育培训应达到以下目的。

①让职工了解自己周围的环境，包括生活和生产环境，即可能接触的各种职业危害因素及其对自己的影响，个人的行为和生活方式在环境中的作用。

②了解并参与改善作业环境及作业方式，控制各因素的影响，自觉地实施自我保护以维护健康。

（2）教育培训的对象及方式

①对单位主要负责人和职业健康管理人员的教育培训。单位主要负责人和职业健康管理人员应当参加经安监部门认定的培训机构举办的培训，并持证上岗。根据证件有效期限，定期进行复训。

②对单位新员工的职业健康教育培训。凡单位新进员工、来单位实习人员、离岗6个月以上的员工，都需参加职业健康教育培训。由人事部门通知职业健康管理部门，并由职业健康管理部门组织进行单位、车间、班组三级职业健康教育，经考试合格后，以上人员方准上岗工作，成绩归档存查。

（3）教育培训的内容。不同级别、不同层次人员的教育培训内容有所区别，具体如表1-1所示。

表1-1　教育培训的内容

序号	层次	培训内容
1	单位教育培训	单位教育培训通常由职业健康管理部门负责组织进行培训，教育内容包括： （1）党和政府关于职业健康的方针、政策、法令，如《中华人民共和国职业病防治法》《作业场所健康监督管理暂行规定》《作业场所职业危害申报管理办法》《个体防护用品监督管理规定》等 （2）单位职业健康安全工作目标、任务和要求、管理网络、规章制度、实施措施、岗位职责及生产工艺等基本情况 （3）综合职业健康安全知识，单位主要危险区域和典型事故分析及防范措施 （4）单位的各种职业健康管理制度和职业健康安全技术总则 （5）单位或岗位存在的职业病危害因素防治知识和操作规程

序号	层次	培训内容
2	车间级	车间级职业健康教育由车间安全员或兼职安全员负责组织进行培训，教育内容包括： （1）本车间生产组织及生产工艺流程 （2）本车间的职业健康安全技术规程、职业健康操作规程，职业健康制度与规定 （3）本车间存在的职业病危害因素和典型事故的经验教训以及防范措施
3	班组教育	班组教育由班组长或指定专人负责进行培训，教育内容包括： （1）本班组生产组织及生产工艺流程 （2）本班组作业中的危害因素和应急防范措施 （3）本班组岗位劳动保护用品佩戴、使用规定 （4）本班组主要设备性能、职业健康安全规程以及主要环节的危害防范注意事项 （5）本班组岗位职业健康操作规程和职业病危害防治措施规定 （6）制定实施师徒合同，包学、包会、保职业健康安全

（4）对调换新岗位和采用新工艺人员的教育培训要求

①凡调换新岗位人员和采用新设备、新工艺的岗位人员，要重新进行职业健康教育培训，经考试合格后，方可上岗作业。

②单位职业健康安全管理部门负责组织进行职业健康教育培训，内容按"入厂新工人安全教育培训"要求执行。

③采用新设备、新工艺的岗位人员，必须由专业技术人员进行专门的安全和职业健康教育及技术培训，考试合格后，方可上岗作业。

④必须在培训中告知岗位工人新设备、新工艺、新材料存在的职业病危害因素以及防范措施。

（5）对一般员工职业健康安全教育培训的要求

①由单位每年对基层领导干部、班组长、专职安全人员进行一次职业健康安全管理知识的教育培训，并考试存档。要求必须有签到表、教案、考试卷纸及考分花名册。

②为了不断提高员工安全意识和职业病危害防治意识，增强职业健康安全责任感，企业每年必须对在职员工进行不少于二十小时的职业健康安全教育培训，要有计划、签到表、培训教案、考试卷纸及考分花名表。

③一般"三违"人员由车间进行教育培训，时间不少于一天。严重"三违"人员由单位职业健康安全管理部门进行教育培训，时间不少于一周，并将"三违"人员教育培训情况存档。

④培训方式：定期教育与不定期教育相结合，采用课堂教学、观看录像、现场教育、参加上级组织的培训、邀请专家讲课等形式。

（6）建立员工教育培训档案资料。企业应建立员工教育培训档案资料，应写明岗位或工种名称、接触危害因素名称、本岗位工龄等。档案资料应包括以下几项内容。

①员工三级职业健康安全教育卡，如表1-2所示。

表1-2　员工三级职业健康安全教育卡

姓名		性别		年龄		文化程度		照　片
参加工作时间				调入时间				
工种级别			原工种级别					
从事本工种时间：								
工作部门：			车间		班组			

三级安全培训教育
一、公司（厂）级安全教育
教育内容：国家安全生产法律、法规和方针政策；本公司概况；生产性质及特点；特殊危险场所；安全生产制度和规定；公司内外事故教训；安全基础知识
教育时间：＿＿＿＿＿ 　教育成绩：＿＿＿＿＿ 　教育人：＿＿＿＿　受教育人（签名）：＿＿＿＿
二、车间（工段、区、队）级安全教育
教育内容：本车间（工段、区、队）的概况、生产特点；安全生产规定；车间（工段、区、队）危险物品的使用情况及注意事项，危险操作和以往典型事故教训。有毒有害物质的理化性质、中毒症状、预防措施和急救方法等
分配车间（工段、区、队）日期：＿＿＿＿　教育时间：＿＿＿＿＿ 　考试成绩：＿＿＿＿ 　教育人：＿＿＿＿　　受教育人（签名）：＿＿＿＿
三、班组级岗位安全教育
教育内容：本班组特点；岗位生产特点；岗位责任制；安全操作规程和安全规定；以往事故案例；预防事故措施；安全装置、安全器具、个人防护用品使用方法
分配班组日期：＿＿＿＿　教育时间：＿＿＿＿＿ 　考试成绩：＿＿＿＿＿ 　教育人：＿＿＿＿＿　受教育人（签名）： 　包教师傅：＿＿＿＿＿　独立操作前考试成绩：＿＿＿＿

②员工的职业健康安全试卷。

③相关培训证书的复印件。

④其他有关资料，如厂（公司）内工作调动培训登记表，入厂、复工、变换岗位、加（调）班员工安全教育记录表等，见表1-3、表1-4。

表1-3 厂（公司）内工作调动培训登记表

调动时间	调入部门	教育内容	讲课时间	考试成绩	负责人签字

表1-4 入厂、复工、变换岗位、加（调）班员工安全教育记录

序号	日期	姓名	岗位	教育类别	教育内容简介	教育人	受教育人

注：本记录以周为单位，每天填写，入厂为新进员工，复工为工伤假期满上岗人员及病、事假（请假一月以上）期满上岗，变换岗位为改变原岗位员工，加、调班人员为因缺员临时到该岗位员工，以上人员上岗操作必须经过区域安全教育，由区域组长进行教育。

1.2.3 加强应急培训

企业应制订应急培训计划，采用各种教学手段和方式，如自学、讲课、办培训班等，加强对各有关人员抢险救援的培训，以提高其事故应急处理能力。

（1）应急培训的主要内容。应急培训的主要内容包括法规、条例和标准、安全知识、各级应急预案、抢险维修方案、本岗位专业知识、应急救护技能、风险识别与控制、基本知识、案例分析等，如图1-1所示。

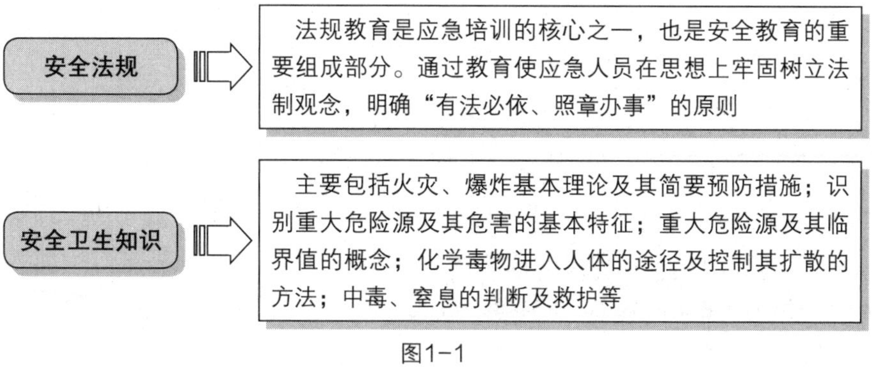

安全法规 ▶ 法规教育是应急培训的核心之一，也是安全教育的重要组成部分。通过教育使应急人员在思想上牢固树立法制观念，明确"有法必依、照章办事"的原则

安全卫生知识 ▶ 主要包括火灾、爆炸基本理论及其简要预防措施；识别重大危险源及其危害的基本特征；重大危险源及其临界值的概念；化学毒物进入人体的途径及控制其扩散的方法；中毒、窒息的判断及救护等

图1-1

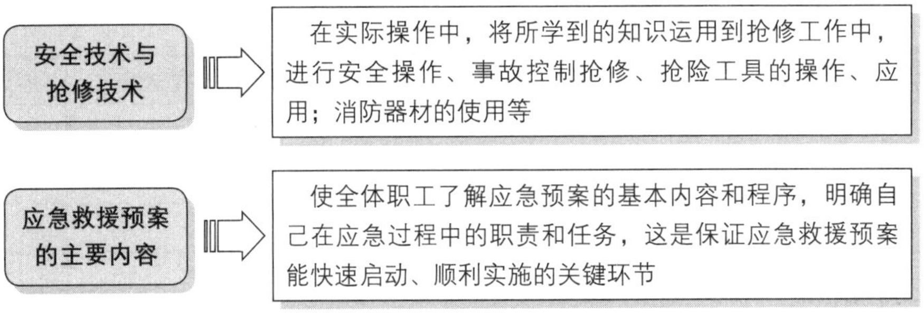

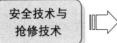

安全技术与抢修技术 ⇨ 在实际操作中，将所学到的知识运用到抢修工作中，进行安全操作、事故控制抢修、抢险工具的操作、应用；消防器材的使用等

应急救援预案的主要内容 ⇨ 使全体职工了解应急预案的基本内容和程序，明确自己在应急过程中的职责和任务，这是保证应急救援预案能快速启动、顺利实施的关键环节

图1-1　应急培训的主要内容

（2）企业应急培训的对象。根据培训人员层次不同，教育的内容要有不同的侧重点。企业应急培训的对象及内容如表1-5所示。

表1-5　企业应急培训的对象及内容

序号	培训对象	培训重点	备注
1	企业领导和管理人员	（1）执行国家方针、政策 （2）严格贯彻安全生产责任制 （3）落实规章制度、标准等方面	他们要负责企业的安全生产，负责制定和修订企业的事故应急预案，在应急状况下组织指挥抢险救援工作
2	企业全体职工	（1）树立法律意识，遵章守纪 （2）应急预案的基本内容和程序 （3）严格执行安全操作规程 （4）与生产有关的安全技术 （5）自救和互救的常识和基本技能等	所有的员工都应通过培训熟悉并了解自己所在的工作岗位的应急预案的内容，知道启动应急预案后自己所承担的相应职责和工作，能够在实际操作中，应用所学到的知识，提高安全生产操作和处理、控制事故的技能
3	应急抢险人员	（1）熟悉应急预案的全部内容以及各种情况的维修和抢险方案 （2）熟练掌握本单位或部门在应急救援过程中所应用器具、装备的使用及维护，掌握和了解重大危害及事故的控制系统 （3）熟知有关安全生产方面的规章制度、操作规程、安全常识 （4）熟悉应急救援过程中的自身安全防护知识，正确使用防护器具 （5）熟知本企业所管辖的管道线路、站场、阀室、附属设施及周边自然和社会环境的相关信息 （6）能够进行事故案例分析等	（1）专职应急抢险人员是发生事故时应急抢险的主力军，因此要大力加强技术培训工作 （2）抢险人员要熟悉应急预案每一个步骤和自己的职责，切实做到临危不乱，人人出手过硬 （3）应急救援人员需要进行定期培训、定期考核，注重培训实效

（3）应急培训的要求。企业需要制订应急培训计划对所有员工进行应急预案相应知识的培训，应急预案中应规定每年每人应进行培训的时间和方式，定期进行培训考核。考核应由上级主管部门和企业的人力资源管理部门负责。学习和考核的情况应有记录，并作为企业管理考核的内容之一。

范本1.03

应急培训计划

为了进一步增强职工安全意识，提高现场应急处置能力，消除和减少安全事故造成的人员伤亡和财产损失，据《中华人民共和国突发事件应对法》《中华人民共和国安全生产法》《国家安全生产事故灾难应急预案》等有关规定特制订本计划。

1. 编制目的

建立健全突发事件应急避险培训机制，及时、有序、高效、妥善地处置安全生产突发事件，使职工掌握应急避险知识，最大限度地降低人员伤亡和财产损失，维护我公司安全稳定。

2. 编制依据

依据《中华人民共和国突发事件应对法》《中华人民共和国安全生产法》《国家安全生产事故灾难应急预案》等相关法律、法规以及本公司《安全生产事故应急救援预案》《应急救援演习计划》等有关规定制订本培训计划。

3. 工作原则

（1）以人为本，安全第一。把保障职工群众的生命财产安全作为首要任务，最大限度地预防减少安全生产事故造成的人员伤亡和财产损失。

（2）统一领导，分级负责。在公司领导班子统一领导下，分厂级、车间、班组进行培训，分级管理，以块为主，条块结合，各司其职，建立健全完善的应急培训体系。

（3）依靠科学，依法规范。采用先进的技术和装备，充分发挥领导、专兼职教师的作用，做好事故应急知识培训工作。

4. 培训领导机构成员

成立公司应急避险知识培训领导小组：

组长由总经理担任；

副组长由副总经理担任；

成员由各部门负责人、车间主管担任。

5. 培训职责

领导小组职责：负责公司应急避险活动全程组织领导，审批决定公司事故应急避险培训的重大事项。

（1）公司领导全面协调培训工作，确保各项工作顺利进行。

（2）公司安监站、培训中心为培训的责任科室，培训中心为培训工作事宜的主体科室。与培训有关的所有机构、组织事宜统一受公司安委会领导。公司安委会对培训组织负总责。培训中心执行培训的具体事宜。培训领导成员协调全公司的培训工作。

培训中心轮流对全公司职工进行岗位应知应会、自救互救、安全防护等应急避险安全教育，以增强灾难发生时职工的逃生概率。

此外，应急演练的参战单位要加强防灾减灾的宣传教育，增强安全意识，每周都要组织全体员工学习相关的应急救援预案、应急救援知识、本岗位职责，提高应急救援的能力。

（3）培训中心根据公司领导要求组织编制各类专业应急人员、企业员工的培训计划，并组织实施。同时，对应急培训工作进行总结，内容包括：培训时间；培训内容；培训师资；培训人员；培训效果；培训考核记录等。

（4）各科室是应急避险培训学习的主体，科主管为第一负责人，负责总体组织指挥协调，确保培训内容和培训覆盖面的落实。

（5）培训中心工作人员、培训专兼职教师严格遵守教师职业道德，忠于职守，爱岗敬业，认真准备，认真备课，认真完成培训任务。

（6）公司应急救援领导、科室、车间主要负责人作为兼职教师，要对公司董事会负责，做好培训授课工作。

（7）各单位在公司培训的基础上，鼓励职工广泛开展对安全事故的预防、避险避灾、自救、互救常识的宣传教育，利用周一安全活动日、业务理论学习日、安全学习"三个一"活动形式，组织本单位职工进行集中培训，由厂级、车间、班组负责人负责，分科室、车间、班组排定课程表，单位负责人要亲自授课，对职工进行集中强化培训学习，不断提高应急应变能力，提高救援人员应急处置能力。

6. 奖励和责任

对在应急知识培训工作中作出突出贡献的集体和个人予以表彰奖励；对在工作中不认真履行职责，玩忽职守造成损失的，要依据培训工作规章给予负责人行政处分。

7. 监督检查

公司办公室、安委会等部门及安监站会同培训中心对本培训计划的实施情况进行监督检查，保障各种措施落实到位。

8. 附"年度全员应急避险知识培训计划表"

年度全员应急避险知识培训计划表

学习时间	上课时间	学习人员	培训内容	培训地点	授课人	负责人

范本1.04

救援训练计划

参加部门、人员：部门人员、全体员工			
训练地点	培训室	总指挥	
训练日期	2020年	起止时间	2020.5～2020.9
训练项目： 2020年5～6月　灭火器使用训练 2020年6～7月　火灾应急综合训练 2020年7～8月　烫伤应急事故训练 2020年8～9月　机械伤害事故训练 2020年9～10月　综合应急预案训练全厂员工应急疏散训练			
训练方案：授课、演练			
备注：			

范本1.05

救援训练记录

参加部门、人员：部门人员、全体员工			
训练地点	培训室	总指挥	
训练日期	2020年	起止时间	2020.5～2020.9
训练项目、方案：（略）			
训练过程概述：（略）			
救援人员对职能的认知程度： □最佳　□较好　□中等　□一般　□最低			
救援人员使用救援装备的熟练程度： □最佳　□较好　□中等　□一般　□最低			
训练总结（包括改进建议）：			
备注：			

范本1.06

应急救援队伍和人员培训记录

培训主题			地点			
培训人数		培训部门或负责人			主讲人	
培训时间			课时			

参加人员：

培训目的：

培训内容：

1.3　职业危害因素告知

为了有效预防、控制和消除职业病危害，防止发生职业病，切实保护单位员工健康及其相关权益，根据《中华人民共和国职业病防治法》（以下简称《职业病防治法》）、《工作场所职业健康监督管理规定》《工作场所职业病危害警示标识》（GBZ 158）和《高毒物品作业岗位职业病危害告知规范》（GBZ/T 203）的有关规定，企业应做好职业危害因素告知的工作。

1.3.1　劳动合同告知

企业人力资源管理部门与新老员工签订合同（含聘用合同）时，应将工作过程中可能产生的职业病危害及其后果、职业病危害防护措施和待遇等如实告知，并在劳动合同中写明。

企业如果没有与在岗员工签订职业病危害劳动告知合同的，应按国家职业病防治法律、法规的相关规定与员工进行补签。

员工在已订立劳动合同期间，因工作岗位或者工作内容变更，从事与所订立劳动合同中未告知的存在职业病危害的作业时，单位人力资源管理、职业健康管理等部门应向员工如实告知，现所从事的工作岗位存在的职业病危害因素，并签订职业病危害因素告知补充合同，如下范本所示，仅供读者参考。

范本1.07

劳动合同职业病危害因素告知书

_____同志：

您所在的_____车间_____岗位，存在职业病危害因素_____。如防护不当，该职业病危害因素可能对您的_____造成损害。

在本岗位，用人单位按照国家有关规定，对职业病危害因素采取了职业病防护措施，并对您发放个人防护用品_____。

一旦发生职业病，本单位将按照国家有关法律、法规，为您提供相应待遇。

当您的工作岗位发生变更时，请重新与本单位签订劳动合同职业病危害因素告知书。

请您履行以下义务：

自觉遵守用人单位制定的本岗位职业健康操作规程和制度；正确使用职业病防护设备和个人职业病防护用品；积极参加职业健康知识培训：定期参加职业病健康体检；发现职业病危害隐患事故应当及时报告用人单位；树立自我保护意识，积极配合用人单位，避免职业病的发生。欢迎您随时提出行之有效的预防职业病的建议。

特此告知。

用人单位盖章　　　　　　　　　　本人签字

_____年____月____日　　　　　_____年____月____

附：职业危害告知书说明

根据《安全生产法》第四十五条、《职业病防治法》第三十条、《劳动合同法》第八条，为履行法定告知义务，并为员工职业健康与人身安全提供必要的指引，切实保障公司及员工的合法权益，特编制了本职业危害告知书。

对照《劳动合同法》第八条的要求，本职业危害告知书实际包含了职业危害和安全生产状况两个部分——即可能引起职业病和引发工伤的两类情形，但为了称呼上的方便，在本告知书中统一称为"职业危害"。

本职业危害告知书中的内容应当在与员工订立劳动合同前，告知给员工，而作为有意与本公司订立劳动合同关系的应聘者，也应当认真阅读本职业危害告知书中的内容，并在告知书的员工签字部位签名确认，表示您已经获悉了本公司职业危害方面的情形。

有必要提醒应聘者的是，只是简单地获得了职业危害方面的信息并不能有效地防止您在今后的工作中不受伤害。另外，如果您从事的岗位为特种作业或特种设备操作，请务必提供真实有效的特种作业操作证件，并自行按期参加年审，如参加资格审验需公司协助时请及时与公司安全办联系，如因个人原因导致证件失效，公司有权将您调离特种作业岗位。

当您的工作岗位发生变更时，请重新与本单位签订劳动合同职业病危害因素告知书。

一旦发生职业病，本单位将按照国家有关法律、法规，为您提供相应待遇。

最后，祝愿各位在今后的工作中平平安安，安康幸福！

1.3.2　公告栏告知

（1）公告栏告知的要求。在单位门口、作业场所醒目位置设置公告栏，职业健康管理机构负责公告有关职业病防治的规章制度、操作规程、职业病危害事故应急救援措施、求助和救援电话号码。

职业病危害因素检测、评价结果应公布于作业场所，书面告知应该发给每位员工。公告内容应准确、完整、字迹清晰、及时更新。各有关部门及时提供需要公布的内容。

（2）公告栏告知的内容。

①规章制度。

②操作规程。

③劳动合同中相关职业危害防护措施和待遇。

④作业场所职业危害因素检测评价结果。

⑤职业危害事故应急救援措施。

⑥职业健康相关违规、违章事件、事故及奖罚措施。

（3）公告栏的管理。公告栏要由专人负责，定期更换。

1.3.3　岗位培训告知

单位应该组织员工进行岗前、岗中职业健康安全教育培训，告知存在的职业病危害，宣传有关职业健康安全方面的法律法规，学习本单位的规章制度、操作规程、职业病防治知识，开展生产安全事故和职业病危害事故的应急救援演练等。

1.3.4　现场警示告知

单位职业健康管理机构应当在产生职业病危害的作业岗位的醒目位置，设置警示标识、警示线、警示信号、自动报警、通讯报警装置、警示语句和中文警示说明。警示说明应当载明产生职业病危害的种类、后果、预防和应急处置措施等内容。警示标识分为禁止标识、警告标识、指令标识、提示标识和警示线。

存在或产生高毒物品的作业岗位，应当按照《高毒物品作业岗位职业病危害告知规范》（GBZ/T 203）的规定，在醒目位置设置高毒物品告知卡，告知卡应当载明高毒物品的名称、理化特性、健康危害、防护措施及应急处理等告知内容与警示标识。

有毒、有害及放射性的原材料或产品包装必须设置醒目的警示标识和中文警示说明。

1.3.5　体检结果告知

如实告知员工职业健康体检结果，发现疑似职业病危害的及时告知本人。员工离开本单位时，如索取本人职业健康监护档案复印件，单位应如实、无偿提供，并在所提供的复印件上签章。

范本1.08

职业健康检查告知书

_____：

　　你于_____年____月____日在_____人民医院体检中心进行的（岗前、岗中、离岗）职业健康检查结果如下。

1. 血压增高　　2. 血常规异常　　3. 尿常规异常

4. 肝功能异常　5. 乙肝表面抗原阳性　6. 心电图异常

7. 胸部X光异常　8. 彩超异常

建议复查

特此告知。

被告知人：_____

_____年____月____日

告知单位：_____有限责任公司职业健康部

告知人：_____

_____年____月____日

（此表一式两份，被告知人和告知人各执一份）

范本1.09

职业健康检查结果告知书

_____：

　　您于_____年____月____日参加了"_____省_____县人民医院"的职业健康检查，根据《中华人民共和国职业病防治法》《作业场所职业健康监督管理规定》（国家安监总局第47号令）的规定，现将检查结果、"结论及处理意见"如实向你告知（见附《_____年度体检结果一览表》）。若有异常项目，请您按照"体检结果一览表"上的要求，及时到医院进行复查，以确保您的身体健康。

　　被告知人签字：

_____有限公司

_____年____月____日

附《_____年度体检结果一览表》（略）

范本1.10

编号：

职业健康检查复查告知书

用人单位（全称）：

_____年____月____日经我机构职业健康检查，检查结论：贵单位劳动者（姓名）：_____，检查项目：_____指标显示异常。

依照《中华人民共和国职业病防治法》规定，用人单位对需要复查和医学观察的劳动者，应当按照体检机构要求的时间，安排其复查和医学观察。告知劳动者（姓名）：_____，于_____年____月____日前，到_____医院体检中心进行_____项目复查。

特此告知。

职业健康检查机构（盖章）

_____年____月____日

1. 签收人：   身份证号：   _____年____月____日

2. 邮寄送达：

备注：一式三份，一份劳动者，一份用人单位，一份体检机构存档。

1.3.6 职业危害因素告知的控制

职业危害因素告知的控制要点如下。

（1）职业健康管理机构定期或不定期对各项职业病危害警示与告知事项的实行情况进行监督、检查，保持警示标志牌整洁、清晰，至少每半年检查一次，如发现有破损、变形、褪色等不符合要求现象时，应及时修整或更换。

（2）各车间部门根据《工作场所职业病危害警示标识》（GBZ 158）的要求，对本车间的职业病危害进行辨识，并结合实际情况将所需的警示标识报职业健康管理机构。由职业健康管理机构根据各车间部门申报情况，审查核实后，向生产厂家采购合格规范的警示标识等，确保警示与告知制度的落实。

（3）职业健康管理机构对接触职业病危害的员工进行上岗前和在岗定期培训与考核，使每位员工掌握职业病危害因素的预防和控制技能。

（4）因未如实告知从业人员职业危害的，从业人员有权拒绝作业。单位不得以从业人员拒绝作业而解除或终止与从业人员订立的劳动合同。

（5）所有警示与告知的资料或照片必须归档保存。

第**2**章
职业危害因素分类、识别与控制

　　企业要对作业场所的职业危害因素进行防护，首先必须辨识有哪些危害因素。

本章导视

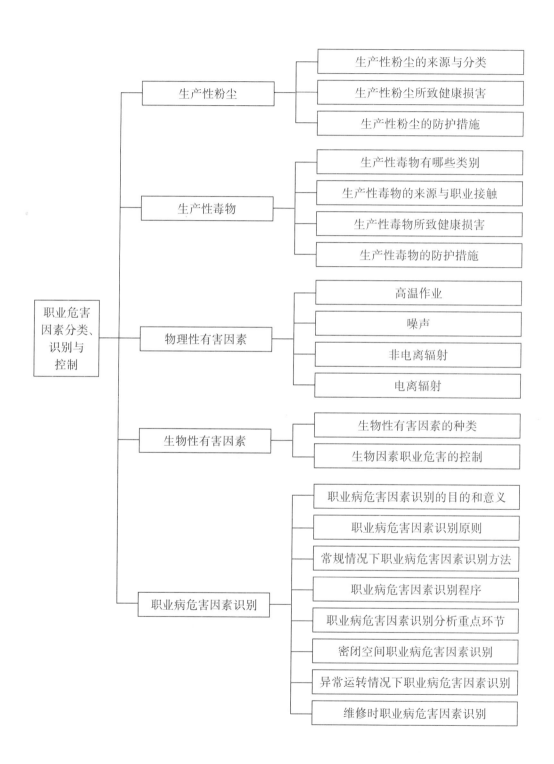

职业危害因素分类、识别与控制
- 生产性粉尘
  - 生产性粉尘的来源与分类
  - 生产性粉尘所致健康损害
  - 生产性粉尘的防护措施
- 生产性毒物
  - 生产性毒物有哪些类别
  - 生产性毒物的来源与职业接触
  - 生产性毒物所致健康损害
  - 生产性毒物的防护措施
- 物理性有害因素
  - 高温作业
  - 噪声
  - 非电离辐射
  - 电离辐射
- 生物性有害因素
  - 生物性有害因素的种类
  - 生物因素职业危害的控制
- 职业病危害因素识别
  - 职业病危害因素识别的目的和意义
  - 职业病危害因素识别原则
  - 常规情况下职业病危害因素识别方法
  - 职业病危害因素识别程序
  - 职业病危害因素识别分析重点环节
  - 密闭空间职业病危害因素识别
  - 异常运转情况下职业病危害因素识别
  - 维修时职业病危害因素识别

2.1 生产性粉尘

生产性粉尘是指在生产过程中形成的，并能长时间飘浮在空气中的固体微粒，如硅尘、煤尘、石棉尘、电焊烟尘等。空气动力学直径（AED）小于15微米（μm）的尘粒可进入呼吸道，称为可吸入性粉尘；AED在5微米（μm）以下的尘粒可到达呼吸道深部和肺泡区，称为呼吸性粉尘。

2.1.1 生产性粉尘的来源与分类

（1）生产性粉尘的来源。生产性粉尘的来源非常广泛，几乎所有的工农业生产过程均可产生粉尘，具体如下。

①矿山开采、凿岩、爆破、运输、隧道开凿、筑路等。

②冶金工业中的原材料准备、矿石的粉碎、筛分、配料等。

③机械制造工业中的原料的破碎、配料、清砂等。

④耐火材料、玻璃、水泥、陶瓷等工业的原料加工。

⑤皮毛、纺织工业的原料处理。

⑥化工工业中的固体原料加工处理，包装物品的生产过程，甚至宝石首饰加工。

⑦由于工艺原因和防、降尘措施不够完善，均可产生大量的粉尘，污染环境。

（2）生产性粉尘的分类。生产性粉尘的分类方法很多，按粉尘的性质可概括为三大类，如表2-1所示。

表2-1 生产性粉尘的分类

序号	类别	说明
1	无机粉尘	无机粉尘包括矿物性粉尘如石英、石棉、煤等；金属粉尘如铅、锰、铁、铍、锡、锌等及其化合物；人工无机粉尘如金刚砂、水泥、玻璃纤维等
2	有机粉尘	有机粉尘包括动物性粉尘如皮毛、丝、骨粉尘；植物性粉尘如棉、麻、谷物、亚麻、甘蔗、木、茶粉尘；人工有机粉尘如有机染料、农药、合成树脂、橡胶、人造有机纤维粉尘等
3	混合性粉尘	在生产环境中以上两种粉尘同时存在时，其混合物为混合性粉尘

2.1.2 生产性粉尘所致健康损害

生产性粉尘根据其理化特性和作用特点不同，对机体的损害也不同，可引起不同疾病，如表2-2所示。

表2-2　生产性粉尘所致健康损害

序号	疾病	具体说明
1	呼吸系统疾病	尘肺；有机粉尘引起的肺部病变；粉尘性支气管炎；肺炎；支气管哮喘；石棉、放射性矿物、镍、铬、砷等粉尘均可引起肺部肿瘤
2	局部病变	粉尘作用于呼吸道黏膜，早期功能亢进引起肥大性病变，继而黏膜上皮细胞营养不足，造成萎缩性病变，呼吸道抵御能力下降。体表长期接触粉尘可导致堵塞性皮脂炎、粉刺、毛囊炎。沥青粉尘可引起光感性皮炎，金属磨料可引起角膜损伤、浑浊
3	全身中毒	铅、砷、锰等粉尘，可被人体吸收导致全身中毒

2.1.3　生产性粉尘的防护措施

粉尘引起的职业病危害主要是尘肺。尘肺类职业病的起因是劳动者长期工作在生产性粉尘浓度较大的场所，吸入的粉尘在体内（肺部）沉淀所致。尘肺类职业病包括：肺硅沉着症、煤工尘肺、石墨尘肺、炭墨尘肺、石棉肺、滑石尘肺、水泥尘肺、云母尘肺、陶工尘肺、铝尘肺、电焊工尘肺、铸工尘肺。尘肺病症状：尘肺病是严重危害健康的职业病，发病率较高，病人痛苦。尘肺病无特别的临床表现，多与合并症相伴，如咳嗽、咳痰、胸痛、呼吸困难、咯血等。

防尘措施是防止生产性粉尘危害所采取的技术措施、组织措施和医疗预防措施。综合防尘和降尘措施可以概括为"革、水、密、风、护、管、教、查"八字方针（具体如表2-3所示），对控制粉尘危害具有指导意义。

表2-3　防尘措施八字方针

序号	措施	具体说明
1	革	工艺改革和技术革新，这是消除粉尘危害的根本途径，常以达到以下目的作为改革的重点： （1）减少原料中含硅量，或以不含硅的材料代替 （2）生产机械化、连续化、自动化，以减少尘源，为密闭尘源采取通风除尘措施创造条件 （3）减轻体力劳动，减少粉尘飞扬 （4）减少工人与粉尘的接触
2	水	湿式作业，可防止粉尘飞扬，降低环境粉尘浓度
3	密	将发尘源密闭，对产生粉尘的设备，尽可能在通风罩中密闭，并与排风结合，经除尘处理后再排入大气
4	风	加强通风及抽风措施，在密闭、半密闭发尘源的基础上，采用局部抽出式机械通风，将工作面的含尘空气抽出，并可同时采用局部送入式机械通风，将新鲜空气送入工作面
5	护	个人防护，是防、降尘措施的补充，特别是在技术措施未能达到的地方必不可少。如佩戴防尘口罩、防尘安全帽、隔绝式压风呼吸器、防尘服；使用护肤霜和皮肤清洗液；不在工作场所进食吸烟，注意个人卫生；回家前将工作服换下彻底洗净；吃食物前一定先洗干净手

序号	措施	具体说明
6	管	经常性地进行维修和管理工作
7	教	加强宣传教育
8	查	定期检查环境空气中粉尘浓度；接触者的定期体格检查

2.2 生产性毒物

生产性毒物是指在生产中使用、接触的能使人体器官组织机能或形态发生异常改变而引起暂时性或永久性病理变化的物质。

以较小剂量引起机体功能性或器质性损害，甚至危及生命的化学物质称为毒物，生产过程中产生的，存在于工作环境中的毒物称为生产性毒物。在生产条件下，化学品经口中毒少见，往往是由于忽视了个人卫生（用受污染的手取吃食物或吸烟）或发生意外事故时，毒物直接吸入或沾染人体而引起的。尤其是在工业上用作清洗、去污、稀释、提取、黏合等用途的脂肪族、脂环族和芳香族有机溶剂多具挥发性、脂溶性和水溶性，因而此类化合物进入人体途径以吸入为主，也能经皮肤进入。职业人群在生产劳动过程中过量接触生产性毒物可引起职业中毒。

2.2.1 生产性毒物有哪些类别

生产性毒物的分类很多，按其化学成分可分为无机毒物、有机毒物等；按物理状态可分为固态、液态、气态毒物；按毒理作用可分为刺激性、腐蚀性、窒息性、神经性、溶血性和致畸、致癌、致突变性毒物等。一般将生产性毒物分为几类，如表2-4所示。

表2-4 生产性毒物的分类

序号	分类	举例
1	金属及类金属毒物	铅、锰、汞、镉、砷等
2	刺激性气体	常见的有硫酸、盐酸、硝酸、铬酸、乙酸等无机酸和有机酸；二氧化硫、三氧化硫、二氧化氮；氨气、氯气、光气、氯化氢、氟化氢、溴化氢等
3	窒息性气体	一氧化碳、氰化氢、硫化氢和甲烷等
4	有机溶剂	苯、正己烷、甲醇、二氯乙烯、四氯化碳等
5	苯的氨基和硝基化合物	苯胺、联苯胺、三硝基甲苯等
6	高分子化合物生产中的毒物	氯乙烯、丙烯腈等单体；磷酸二甲苯酯、偶氮二异丁腈等助剂
7	农药	有机磷、有机硫、有机砷、氨基甲酸酯、拟除虫菊酯以及熏蒸剂等

2.2.2 生产性毒物的来源与职业接触

生产性毒物来自原料、辅助原料、中间产品、成品、副产品、夹杂物或废弃物，有时也可来自热分解产物及反应产物。例如，聚氯乙烯塑料加热到160～170℃时可分解产生氯化氢。毒物可以固态、液态、气态或气溶胶形式存在于生产环境中。

在生产过程中，操作人员主要有以下操作或生产环节有机会接触到毒物。

（1）原料的开采和提炼。

（2）加料和出料。

（3）材料的加工、搬运、储藏。

（4）成品的处理、包装、生产环节中接触毒物，如化学管道的渗漏，物料输送管道发生堵塞。

（5）废料的回收和处理。

（6）化学反应控制不当或加料失误而引起冒锅或冲料。

（7）化学物的采样分析。

（8）设备的保养、检修等。

2.2.3 生产性毒物所致健康损害

由于毒物种类繁多，毒物本身毒性及其毒作用特点、接触剂量等各不相同，所引起的职业中毒累及全身各个系统，出现多脏器损害，同一毒物可累及不同的靶器官，不同毒物也可损害同一靶器官，具体如表2-5所示。

表2-5 不同毒物所致的健康损害

序号	毒物类别	所致的健康损害
1	金属及类金属毒物	每一种金属因其毒性和作用的靶器官不同而出现不同的临床表现。很多金属具有选择性的器官或组织蓄积而发挥其生物学效应，并因此出现慢性毒性作用。如铅中毒主要损害神经系统、造血系统和消化系统，表现为类神经症、外周神经炎、腹绞痛、低色素正常细胞型贫血等。汞中毒主要损害神经系统和消化系统，表现为易兴奋、口腔炎、汞性震颤等
2	刺激性气体	通常以局部损害为主，其损害作用的共同特点是引起眼、呼吸道黏膜及皮肤不同程度的炎症病理反应，刺激作用过强时易引起全身反应。表现为眼和上呼吸道刺激性炎症、中毒性肺水肿、急性呼吸窘迫综合症
3	窒息性气体	可使空气中氧含量明显降低，使肺内氧分压下降或使血液运送氧的能力或组织运用氧的能力发生障碍，引起机体缺氧
4	有机溶剂	几乎全部有机溶剂都能使皮肤脱脂或脂质溶解，引起职业性皮炎以及中枢神经的抑制，有机溶剂对呼吸道均有一定刺激作用，可引起支气管炎、肺水肿等，还可引起周围神经损害，表现为周围神经炎。在接触剂量大、接触时间长的情况下，任何有机溶剂均可导致肝细胞损害。此外有机溶剂还可对造血系统、生殖系统造成损害，例如苯是一种致癌物

序号	毒物类别	所致的健康损害
5	苯的氨基和硝基化合物	可形成高铁血红蛋白、造成溶血等血液损害。某些苯的氨基、硝基化合物可直接损害肝细胞，引起中毒性肝病，有些化合物对皮肤有强烈的刺激作用和致敏作用。如三硝基甲苯、二硝基酚可引起眼晶状体浑浊，最后发展为白内障，联苯胺和乙萘胺可引起职业性膀胱癌
6	高分子化合物生产中的毒物	高分子化合物又称为聚合物或共聚物。高分子化合物本身虽然无毒或毒性很小，但生产过程中所用原料、单体及助剂绝大多数具有一定毒性，变成原性或致癌性。长期接触氯乙烯，可引起雷诺氏综合征、周围神经炎、肢端溶骨症、肝功能异常等，二异氰酸甲苯酯对皮肤有原发刺激作用和致敏作用

2.2.4　生产性毒物的防护措施

技术控制措施在预防生产性毒物中毒中常起到关键作用，如工艺改革、工业通风等，当技术控制也难以实现或效果不理想，或处于紧急检修、抢救情况下，就可考虑采用工人个体的各种防护用具。

（1）工艺改革。采用革新技术、改革生产工艺，以无毒或低毒的物质代替有毒或剧毒的物质，从而达到从源头上控制化学毒物。

（2）工业通风。工业通风的任务旨在利用专门的技术手段，合理地组织气流，控制或完全消除作业过程中产生的粉尘、有害气体、高温和余湿，向车间内送入新鲜的或经专门处理的清洁空气。按照通风系统的功能工作动力，可分为自然通风和机械通风；按照通风作业范围，工作通风分为全面通风、局部通风和混合通风。

①全面通风。全面通风是在车间内全面地进行通风换气，用新鲜空气稀释车间内污染物。全面通风适用于有害物扩散不能控制在车间内某一定的范围，或污染源不固定的场合。送风口应接近工人操作点，设在有害气体或蒸汽的浓度较低的区域，而排气口应设置在有害气体或蒸汽的发生源或其浓度较高的区域。这样布置有利于充分发挥全面通风的作用，降低工作操作地有害气体或蒸汽的浓度。

②局部通风。局部通风是在车间工作带某局部范围建立良好空气环境，或在有害物扩散前将其从产生源抽出、排除，局部通风可以是局部送风或局部排风，局部通风所需的投资比全面通风小。为防止有害气体、蒸汽和粉尘在车间内散布，主要采用局部排风系统将有毒物质从发生源处直接排出室外，局部排风系统由局部排风罩（排风柜）、通风管道、通风机、过滤或吸附有害物质的净化设备等组成。局部排风罩是局部排风系统中的关键装置，为了获得良好的排除有害气体或蒸汽的效果，应考虑图2-1所示要求。

1	应将有害物质发生源尽可能密闭，排风罩应尽可能靠近有害物质发生源
2	排风罩的吸气方向应尽可能与有害物质逸出的方向一致
3	排风罩的布置应使污染空气不致流经工人的呼吸带
4	排风装置应设在不受室外进入气流的干扰处
5	排风罩罩口要有一定的控制风速，在距离罩口最远的有害物质散发点（即控制点）上造成适当的空气流动，从而把有害物质吸入罩内。控制点的空气流动速度称为控制风速（也称为吸入速度），该速度应大于有害物质向外逸散的速度和防止横向气流干扰的速度，才能有效地将有害物质抽吸至排风罩内。控制风速的大小应与化学物毒性大小和逸散速率大小有关，一般气体或蒸汽毒物的控制风速不小于0.7～1.0米/秒，粉尘状化学物控制风速为1.0～1.5米/秒
6	对有腐蚀性的酸碱性气体，排风罩应耐腐蚀
7	排风罩的设置不应妨碍工人的操作并保证有足够的罩度

图2-1 局部排风罩设置的要求

③混合通风。混合通风即全面通风和局部通风结合使用。

（3）个人防护

①劳动者在工作中应做到"五注意"，如图2-2所示。

1	注意职业病危害作业岗位的警示标识和中文警示说明
2	严格遵守生产操作规程
3	注意职业健康防护设施是否正常运行
4	坚持佩戴个人防护用品
5	在工间就餐时脱去工作服、工作帽、工作鞋。注意个人卫生，勤洗澡、勤换衣服，保持皮肤清洁，养成良好卫生习惯

图2-2 劳动者的五注意

②在生产作业过程中，与化学毒物有关的个人防护用品主要包括防护服、呼吸防护器和皮肤防护用品等。具体如表2-6所示。

表2-6 与化学毒物有关的个人防护用品

序号	防护用品	具体说明
1	防护服	防护服能防止化学物经皮肤进入机体，常通过将各种对所防化学物不渗透或渗透率小的聚合物涂布于化纤或天然纤维织物来制作
2	呼吸防护用品	根据结构和防护原理，呼吸防护用品可分为自吸过滤式和送风隔离式。自吸过滤式的化学过滤器主要用于防止有害气体、蒸汽、烟雾等的吸入，通常称为防毒面具。防毒面具有滤毒盒或滤毒罐，又有全面罩与半面罩之分，全面罩有头罩式和头戴式两种，应能遮住眼、鼻和口，半面罩应能遮住鼻和口。防毒口罩（面具）主要卫生要求为： （1）滤毒性能要可靠，根据毒性的性质、浓度和防护时间，采用不同的净化滤料 （2）面罩和呼吸阀的气密性要好 （3）呼吸阻力应小 （4）实际有害空间应小，尽量不妨碍视野，质量要轻 （5）佩戴方便，无异常压迫感和不适感，死腔大小适合，与脸面吻合适宜
3	皮肤防护用品	皮肤防护用品有防护手套和防护膏膜

2.3 物理性有害因素

物理性有害因素除了激光是人工产生以外，生产和工作环境中其他常见的物理性有害因素在自然界均有存在，是人体生理活动或从事生产劳动所必须接触的。根据物理因素的特点，绝大多数物理性有害因素在脱离接触后不在体内残留。对物理性有害因素所致损伤或疾病的治疗，主要是针对损害的组织器官和病变特点采取相应的治疗措施，而针对物理性有害因素采取的预防措施不是设法消除这些因素，也不是将其降到越低越好，而是设法控制在合理范围内，条件允许时使其保持在适宜范围内则更好。

2.3.1 高温作业

高温作业是指工业企业和服务行业工作地点具有生产性热源，当室外实际出现本地区夏季室外通风设计计算温度的气温时，其工作地点气温高于室外气温2℃或2℃以上的作业。

（1）高温作业的分级。

①接触时间率exposure time rate

劳动者在一个工作日内实际接触高温作业的累计时间与8h的比率。

②本地区室外通风设计温度local outside ventilation design temperature

近十年本地区气象台正式记录每年最热月份的每日13时～14时的气温平均值。

③卫生要求

接触时间率100%，体力劳动强度为Ⅳ级，WBGT指数限值为25℃；劳动强度分级每下降一级，WBGT指数限值增加1~2℃，接触时间率每减少25%，WBGT限值指数增加1~2℃，见表2-7。

本地区室外通风设计温度≥30℃的地区，表2-7中规定的WBGT指数相应增加1℃。

表2-7　工作场所不同体力劳动强度WBGT[1]限值（℃）

接触时间率	体力劳动强度			
	Ⅰ	Ⅱ	Ⅲ	Ⅳ
100%	30	28	26	25
75%	31	29	28	26
50%	32	30	29	28
25%	33	32	31	30

①又称湿球黑球温度，是综合评价人体接触作业环境热负荷的一个基本参量，单位为℃。

体力劳动强度分为四级，见表2-8。

表2-8　体力劳动强度分级表

体力劳动强度级别	劳动强度指数（n）
Ⅰ	$n \leqslant 15$
Ⅱ	$15 < n \leqslant 20$
Ⅲ	$20 < n \leqslant 25$
Ⅳ	$n > 25$

注：Ⅰ级为轻劳动；Ⅱ级为中等劳动；Ⅲ级为重劳动；Ⅳ级为极重劳动。

凡高温作业地点，空气相对湿度平均等于或大于80%的工种，应在以上标准基础上提高一级。

（2）高温作业的分类及职业接触。高温作业按其气象条件的特点可分为高温强热辐射作业、高温高湿作业和夏季露天作业三种类型，具体如表2-9所示。

表2-9　高温作业的类别与职业接触

序号	作业类别	说明	职业接触
1	高温强热辐射作业	高温强热辐射作业：是具有高温度、热辐射比较大而相对湿度较低，形成干热环境气象条件特点的主要工作场所	主要职业接触是冶金工业的炼焦、炼铁、轧钢等车间；机械制造工业的铸造、锻造、热处理车间；陶瓷、玻璃、搪瓷等工业的炉窑车间，火力发电厂和轮船的锅炉间等

序号	作业类别	说明	职业接触
2	高温高湿作业	高温高湿作业：是具有高温、高湿，而热辐射强度不大，形成湿热环境气象特点的生产工作场所	主要职业接触是印染、缫丝、造纸等工业中液体加热或熏煮车间、潮湿的深矿井、通风不良的作业场所
3	夏季露天作业	夏季露天作业：如建筑、搬运、露天采矿以及各种农田劳动等	高温和强辐射主要来源于太阳直接辐射作业，还受到加热地面和周围物体二次辐射源的附加热作用

（3）高温作业对人的机体的影响

①对人生理机能的影响。高温作业时，人体可出现体温调节、水量代谢、循环系统、消化系统、泌尿系统等方面的适应性变化。主要表现在体温调节障碍，由于体内蓄热、体温升高、大量水分丧失，可引起水盐代谢平衡紊乱，导致体内酸碱平衡和渗透压失调，心率、脉搏加快，皮肤血管扩张及血管紧张度增加，加重心脏负担、血压下降。但重体力劳动时，血压也可能增加、消化道缺血、胃分泌物减少、胃液酸度降低、淀粉酶活性下降，造成消化不良或者其他胃肠疾病增加；高温条件下若水量供应不足可使尿液浓缩，增加肾脏负担，有时可见到肾功能不全等。神经系统可出现中枢神经系统抑制，注意力、肌肉的工作能力、动作的准确性和协调性及反应速度的降低。

②热适应。热适应是指人在热环境中工作一段时间后对热负荷产生可适应或耐受的现象。此时从事同等强度的劳动，汗量增加，汗液中的无机盐含量减少，皮温和中心体温先后降低，心率明显下降。此外，机体热适应后合成一组新的蛋白质即热应激蛋白，可保护机体免受高温的致死性损伤。

③中暑。中暑是高温环境下由于热平衡或水盐代谢紊乱而引起的一种以中枢神经系统或以血管系统障碍为主要表现的急性热致疾病。中暑按发病机制可分为三种类型：热射病（含日射病）、热痉挛、热衰竭。

（4）高温作业的防护措施。高温作业的防护措施如表2-10所示。

表2-10 高温作业的防护措施

序号	措施	具体说明
1	技术措施	（1）采用局部或全面机械通风或强制送入冷风来降低作业环境温度 （2）在高温作业厂房，修建隔离操作室，向室内送冷风或安装空调 （3）进行工艺改革，实现远距离自动化操作 （4）按照相关标准中的方法和标准，对本单位的高温作业进行分级和评价，一般应每年夏季进行一次
2	管理措施	（1）宣传防中暑的知识 （2）合理安排工作时间，避开最高气温 （3）轮换作业，缩短作业时间

续表

序号	措施	具体说明
3	保健措施	（1）高温作业人员每年进行一次体格检查，对患有高血压、心脏器质性疾病、糖尿病、甲状腺功能亢进和严重的大面积皮肤病者，应予以调离 （2）夏季供给含盐饮料和其他高温饮料

2.3.2 噪声

噪声是指使人感到厌烦或不需要的声音的总称。生产性噪声是生产过程中产生的声音，其频率和强度没有规律，听起来使人感到厌烦。经常接触噪声会影响人们的情绪和健康，干扰工作和生活。噪声是范围很广的一种生产性有害因素，劳动者在许多生产劳动过程中都有接触机会。

（1）噪声的来源。常见的噪声因素主要如图2-3所示几类。

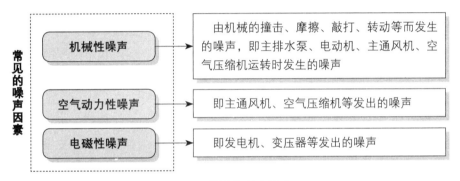

图2-3 常见的噪声因素

（2）噪声所致健康损害。噪声所致健康损害如表2-11所示。

表2-11 噪声所致健康损害

序号	损害	具体说明
1	听觉系统损害	长期接触强烈的噪声，听觉系统首先受损，听力的损伤有一个从生理改变到病理改变的过程
2	暂时性听阈位移	暂时性听阈位移：是指人接触噪声后听阈提高10～30分贝（dB），脱离噪声环境后经过一段时间听力下降可以恢复到原来水平，属于生理性改变，包括听觉适应和听觉疲劳
3	永久性听阈位移	永久性听阈位移：是指噪声引起的不能恢复到正常水平的听阈升高。根据损伤的程度，永久性听阈位移又分为听力损失及噪声性耳聋
4	听觉外系统的损害	噪声还可引起听觉外系统的损害，主要表现为易疲劳、头痛、头晕、睡眠障碍、注意力不集中、记忆力减退等一系列神经系统症状。高频噪声可引起血管痉挛、心率加快、血压升高等心血管系统的变化。长期接触噪声还可引起食欲不振、胃液分泌减少、肠蠕动减慢等胃肠功能紊乱的症状

（3）噪声危害防护措施噪声危害防护措施如表2-12所示。

表2-12 噪声危害防护措施

序号	措施	具体说明
1	控制噪声源	根据具体情况采取适当的措施，控制或消除噪声源，采用无声或低声设备代替发出强噪声的设备，这是从根本上解决噪声危害的一种办法
2	控制噪声的传播	采用吸声材料装饰在车间的内表面，如墙壁或房顶，或在工作场所内悬挂吸声体，吸收辐射和反射的声能，使噪声强度降低。具有较好的吸声效果的材料有玻璃棉、矿渣棉、棉絮等。为了防止通过固体传播的噪声，必须在机器或振动体的基础与地面、墙壁连接处设隔振或减振装置
3	个体防护	对于因各种原因，生产场所的噪声强度暂时不能得到控制，或需要在特殊高噪声条件下工作时，佩戴个人防护用品是保护听觉器官的一项有效措施。最常用的是耳塞，一般由橡胶或软塑料等材料制成，根据外耳道形状设计大小不等的各种型号，隔声效果可达25～30分贝。此外还有耳罩、帽盔等，其隔声效果优于耳塞，耳罩隔声效果可达30～40分贝
4	健康监护	定期对接触噪声的工人进行健康检查，特别是听力检查，观察听力变化情况，以便早期发现听力损伤，及时采取有效的防护措施。噪声作业工人应进行就业前体检，取得听力的基础材料，凡是有听觉器官疾患、中枢神经系统和心血管系统器质性疾患或自主神经功能失调者，不宜参加强噪声作业
5	合理安排劳动和休息	噪声作业工人应适当安排工间休息，休息时应离开噪声环境，以消除听觉疲劳。应经常检测车间噪声，监督检查预防措施执行情况及效果

2.3.3 非电离辐射

非电离辐射是指能量比较低，并不能使物质原子或分子产生电离的辐射，如紫外线、红外线、激光、微波都属于非电离辐射。

（1）非电离辐射的职业接触。非电离辐射的职业接触如表2-13所示。

表2-13 非电离辐射的职业接触

序号	类别	说明	职业接触
1	红外辐射	即红外线也称热射线	太阳光下的露天作业、强紫外线光源、熔融状态的金属和玻璃作业
2	紫外辐射	凡物体温度达1200℃以上时辐射光中即可出现紫外线。随温度的增高，紫外线的波长变短、强度变大	主要是冶炼炉、电焊、电炉炼钢等工作场所。从事碳弧灯和水银灯制版、摄影以及紫外线消毒均可接触紫外线
3	射频辐射	高频电磁场与微波统称射频辐射，是电磁辐射中量子能量最小而波长最长的波。波长1～3000米的电磁波是高频电磁场，频率在300兆赫（MHz）～300吉赫（GHz）及波长在1毫米～1米的电磁波称微波	广播、电视、雷达发射塔、移动寻呼通信基站、工业高频感应加热、医疗射频设备、微波加热设备、微波通信设备

序号	类别	说明	职业接触
4	激光	是物质受激辐射所发出的光。它是一种人造的、特殊类型的非电离辐射	主要为工业用激光打孔、切割、焊接等作业，激光雷达、激光通信、激光制导、激光瞄准等军事和航天作业，医学上使用激光治疗多种疾病

（2）非电离辐射所致健康损害

①射频辐射的危害。高频和微波的波谱相近，所以对人体的影响有相同的作用，但微波的量子能量水平比高频高，其健康损害要比高频电磁场严重。

高频和微波对人体相同的影响作用：类神经症和自主神经功能紊乱，心血管系统主要是自主神经功能紊乱，以副交感神经反应占优势者居多。

微波独有的作用：除上述作用外，还可引起眼睛和血液系统改变。长期接触大量强度微波的工人，可发现眼晶状体浑浊、视网膜改变，外周血白细胞计数、血小板计数下降。

手持无绳电话对局部脑组织功能和形态的不良影响也应引起高度重视。

②紫外、红外辐射和激光的危害。紫外、红外辐射和激光主要是对皮肤和眼睛的损伤作用。如红外线可引起职业性白内障，紫外线可引起电光性眼炎。

（3）非电离辐射危害的防护

①电磁场源危害的预防。电磁场源危害的预防最重要的是对电磁场辐射源进行屏蔽，其次是加大操作距离，缩短工作时间及加强个人防护，具体如表2-14所示。

表2-14　电磁场源危害的预防

序号	措施	说明
1	场源屏蔽	利用可能的方法，将电磁能量限制在规定的空间内，阻止其传播扩散。首先要寻找辐射源，如高频感应加热介质时，电磁场的辐射源为振荡电容器组、高频变压器、感应线圈、馈线和工作电极等。又如，高频淬火的主要辐射源是高频变压器，熔炼的辐射源是感应炉，黏合塑料源是工作电极。通常振荡电路系统均在机壳内，只要接地良好，不打开机壳，发射出的场强一般很小。屏蔽材料要选用铜、铝等金属材料，利用金属的吸收和反射作用，使操作地点的电磁场强度减低。屏蔽罩应有良好的接地，以免成为二次辐射源。微波辐射多因机器内的磁控管、调速管、导波管等屏蔽不好或连接不严密而泄漏。因此微波设备应有良好的屏蔽装置
2	远距离操作	在屏蔽辐射源有困难时，可采用自动或半自动的远距离操作，在场源周围设有明显标志，禁止人员靠近。根据微波发射有方向性的特点，工作地点应置于辐射强度最小的部位，避免在辐射流的正前方工作
3	个人防护	在难以采取其他措施时，短时间作业可穿戴专用的防护衣帽和眼镜

②红外线危害的预防。预防红外线伤害主要是穿戴防护服和防护帽。严禁裸眼看强光。生产中应戴绿色玻璃防护镜，镜片中需含有氧化亚铁或其他过滤红外线的有效成分。

③紫外线危害的预防。预防紫外线的危害应采用自动或半自动焊接；增大与辐射源的距离。电焊工及其助手必须佩戴专用的防护面罩或眼镜及适宜的防护手套，不得有裸露的皮肤。电焊工操作时应使用移动屏幕围住作业区，以免其他工种的人员受到紫外线照射。电焊时产生的有害气体和烟尘，应采用局部排风措施加以排除。此外，要严格遵守操作规程。

④激光危害的预防。预防激光危害最主要的方法是安全教育，严禁裸眼观看激光束，注意操作规程；确定操作区及危险带，并要有醒目的警告牌，无关人员不得随意进入；要佩戴合适的防护眼镜、防护手套；定期检查身体，特别是眼睛。

操作室围护结构要用吸光材料制成，色调宜暗。室内不得设置安放能反射、折射光束等设备、用具。激光束的防光罩要用耐火材料制成，其开启应与光束放大系统的截断器相连。

2.3.4 电离辐射

电离辐射是一切能引起物质电离的辐射总称，其种类很多，高速带电粒子有 α 粒子、β 粒子、质子，不带电粒子有中子以及X射线、γ 射线。

（1）电离辐射涉及的领域。电离辐射存在于自然界，人工辐射已遍及各个领域，专门从事生产、使用及研究电离辐射工作的，称为放射工作人员。与放射有关的职业有：核工业系统的原料勘探、开采、冶炼与精加工，核燃料及反应堆的生产、使用及研究；农业的照射培育新品种，蔬菜水果保鲜，粮食储存；医药的X射线透视、照相诊断、放射性核素对人体脏器测定，对肿瘤的照射治疗等；工业部门的各种加速器、射线发生器及电子显微镜、电子速焊机、彩电显像管、高压电子管等。

（2）电离辐射危害。电离辐射产生的电离作用可使机体组织产生电离而引起严重伤害。人体接受的放射剂量超过一定值（称为剂量阈值）时就会发生损害，初期症状为乏力、牙龈出血、脱发、性欲降低、皮肤红斑、白细胞数降低等。如不加强个人防护继续接触，就会出现电离辐射引起的职业病——全身性放射性疾病，如急慢性放射病；局部放射性疾病，如急、慢性放射性皮炎及放射性白内障；放射所致远期损伤，如放射所致白血病。列为国家法定职业病的有急性、亚急性、慢性外照射放射病、外照射皮肤疾病和内照射放射病、放射性肿瘤、放射性骨损伤、放射性甲状腺疾病、放射性性腺疾病、放射复合伤和其他放射性损伤共十一种。

（3）电离辐射的防护。电离辐射防护要遵循三大原则，如图2-4所示。

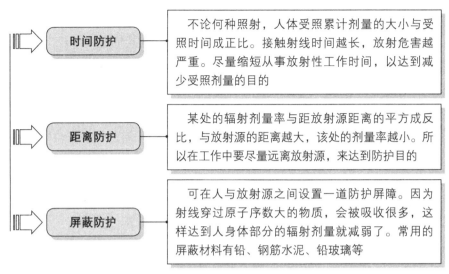

⇨ **时间防护**	→	不论何种照射，人体受照累计剂量的大小与受照时间成正比。接触射线时间越长，放射危害越严重。尽量缩短从事放射性工作时间，以达到减少受照剂量的目的
⇨ **距离防护**	→	某处的辐射剂量率与距放射源距离的平方成反比，与放射源的距离越大，该处的剂量率越小。所以在工作中要尽量远离放射源，来达到防护目的
⇨ **屏蔽防护**	→	可在人与放射源之间设置一道防护屏障。因为射线穿过原子序数大的物质，会被吸收很多，这样达到人身体部分的辐射剂量就减弱了。常用的屏蔽材料有铅、钢筋水泥、铅玻璃等

图2-4 电离辐射防护的三大原则

2.4 生物性有害因素

生物性有害因素是指存在于生产环境中危害职业人群健康的致病微生物、寄生虫及动植物、昆虫等及其所产生的生物活性物质，如附着于皮毛上的炭疽杆菌、甘蔗渣上的真菌，医务工作者可能接触到的生物传染性病原物等。

2.4.1 生物性有害因素的种类

生物性有害因素的种类如表2-15所示。

表2-15 生物性有害因素的种类

序号	种类	说明
1	致病微生物	（1）从事畜牧业、兽医、屠宰、牲畜检疫、毛纺及皮革等职业人群有较多机会接触或感染炭疽、布氏杆菌。在疫区从事林业、勘探、采药的职业人群，以及进入森林区的部队人员有机会接触或感染森林脑炎病毒 （2）医护人员接触患者引起细菌、病毒性感染，导致炭疽、布氏杆菌、森林脑炎等职业性传染病
2	寄生虫	（1）农民、井下矿工、下水道清理工以及海边娱乐场所的工作人员有较多机会感染钩虫病 （2）粮食和饲料加工、储存等职业人员有较多机会接触尘虫菌 （3）在疫区从事林业、勘探，林区的部队等职业人群有较多机会受到蜱的叮咬，从而引起钩虫病 （4）接触尘虫菌可致过敏性皮炎、过敏性哮喘和过敏性鼻炎等变态反应性疾病，受到蜱的叮咬或会感染森林脑炎等疾病

序号	种类	说明
3	动植物有害因素	（1）肉、奶、蜂制品、食品等以农副产品为中心的多种作业；种植业、园艺园林、木材加工、农林科技人员等都有机会接触到动植物有害因素 （2）树毛虫、桑毛虫及某些蛾类幼虫体表上的毒毛刺入皮肤时可释放有毒物质引起皮炎 （3）水仙花、郁金香等可致变异性、过敏性皮炎；芸香、佛手果可致光敏性皮炎 （4）某些树林、花草、蔬菜等可导致过敏性呼吸道炎症或支气管哮喘发病，有的甚至有致癌性

2.4.2 生物因素职业危害的控制

（1）炭疽病和布鲁氏杆菌的预防措施。传染病的预防，主要在于消灭传染源、控制传染途径、增强个体抵抗力三个环节。职业性炭疽病和布鲁氏杆菌病都是接触传染，预防措施类似。主要预防措施从两个方面展开，如表2-16所示。

表2-16 炭疽病和布鲁氏杆菌的预防措施

序号	预防地	具体说明
1	疫源地	（1）隔离病畜、禁止屠宰病畜作为肉食或加工之用，将病死动物尸体彻底焚烧，或撒上生石灰埋入地下2米深处 （2）被污染的畜舍或土壤消毒处理，铲出表土深埋地下，畜舍四周洒20%浓度的漂白粉溶液消毒 （3）在病菌流行地为活畜免疫注射疫苗 （4）病菌流行地区的皮毛、皮革禁止外运
2	工厂	（1）厂房布局、设施应符合防疫的健康要求 （2）来自疫区的皮、毛等原料，须经检疫、消毒后再加工 （3）生产性粉尘多的工厂设通风除尘设备 （4）操作现场、搬运和初始接触皮毛的场地及工具每日消毒两次 （5）加强个人防护，加强防护服、口罩、防尘眼镜、帽子、手套、鞋等更换和消毒制度。工作场所不得饮水，工作后洗手、消毒、淋浴

（2）森林脑炎的预防措施
① 灭鼠、防鼠、灭蜱、防蜱，保持驻地整齐健康，铲除杂草。
② 外出作业穿专门防护服（紧裤脚、紧袖口、紧领口的连身衣）及高筒靴、防虫帽，衣帽可用药物（邻苯二甲酸二甲酯）浸泡涂擦，接种灭活疫苗。
（3）其他生物职业危害的预防措施。其他生物职业危害的预防措施如图2-5所示。

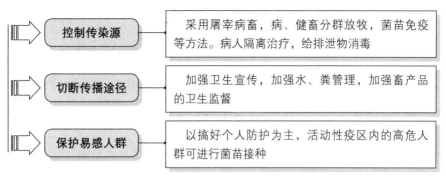

图2-5　其他生物职业危害的预防措施

2.5　职业病危害因素识别

职业病危害因素辨识是指通过工程分析、类比调查、工作场所环境检测、职业流行病学调查，以及实验研究等方法，把工作场所中职业病危害因素甄别出来的过程。

2.5.1　职业病危害因素识别的目的和意义

职业病危害因素辨识的目的在于辨识职业病危害因素的种类、来源、存在形式、存在浓度（强度）、危害程度等，为职业病危害监测与评价、劳动者健康监护，以及研究应采取的职业健康防护控制措施等提供重要依据。具体表现如下。

（1）确定危害因素的种类、来源、形式或性质、分布、浓度或强度、作用条件、危害程度。

（2）分析影响劳动者健康的方式、途径、程度，确定健康监护指标；为职业病诊断提供证据。

（3）确定职业病危害监测指标。

（4）明确职业病危害控制的目标，指导职业病危害防护措施的实施。

2.5.2　职业病危害因素识别原则

（1）全面识别原则。一般来讲，某种工作场所所包含的职业病危害因素是比较单纯的。而对于一个建设项目，特别是工艺复杂的建设项目，其整个生产过程中所包含的职业病危害因素是错综复杂的。

在进行职业病危害因素识别时，要求工作人员既要有娴熟的专业基础知识，包括职业健康、卫生工程、卫生检验等，同时还要有丰富的现场工作经验和工业技术常识。在识别过程中，首先应遵守全面识别的原则，从建设项目工程内容、工艺流程、流料流程、维修检修等多方面入手，逐一识别，分类列出，然后对因素的危害程度作出进一步的识别。不仅要识别正常生产、操作过程中可能产生的职业病危害因素，还应分析开车、停车、检修及事故等情况下可能产生的偶发性职业病危害因素。

（2）主次分明原则。全面识别职业病危害因素的目的是为了避免遗漏。而筛选主要职业病危害因素则是为了去粗取精，抓住重点。在工作中，对可能存在的职业病危害因素种类、危害程度，以及可能产生的后果等进行综合分析，也是为了筛选重点，抓住起主导作用的危害因素。

此外，每一种危害因素因其自身的理化特性、毒性、生产环境中存在的浓度（强度）及接触机会等的不同，对作业人员的危害程度相差甚远。因此，在识别过程中应做到主次分明，避免面面俱到，分散精力。

（3）定性与定量相结合原则。在对职业病危害因素全面定性识别后，通常还需对主要职业病危害因素进行定量识别。通过现场采样分析，进一步判断其是否超过国家职业健康标准规定的职业接触限值，以此作为评价工作场所或建设项目职业病危害控制效果的客观指标。

2.5.3　常规情况下职业病危害因素识别方法

职业病危害因素识别的方法很多，常用的有类比法、资料复用法、经验法、检查表法、工程分析法和实测法等，具体如表2-17所示。事实上不同的方法有不同的优缺点，不同的项目又有各自的特点，应根据实际情况综合运用、扬长避短方可取得较好的效果。

表2-17　常规情况下职业病危害因素识别方法

方法	概念	适用范围
经验法	经验法是评价人员依据其掌握的相关专业知识和实际工作经验，借助经验和判断能力直观地对工作场所存在或产生的职业病危害因素进行辨识分析的方法	该方法主要适用于一些传统行业中采用传统工艺的建设项目的评价，评价人员积累的这类典型行业和工艺的职业健康基础资料较为丰富，可根据以往的工作经验和原有的资料积累对此类建设项目的职业病因素进行识别和分析
类比法	类比法是利用相同或类似工程职业健康调查和监测、统计资料进行类推，分析评价对象的职业病危害因素	该方法主要适用于已有相同或相似企业的建设项目中职业病危害因素的识别
检查表法	对设计的工厂、车间、工段、装置、设备、生产环节、劳动过程的相关要素以检查标的方式进行逐项检查，辨识分析各环节可能产生或存在的职业病危害因素	适用范围较广。可单独应用于一些工艺简单的项目，也可与其他方法联合使用，对一些工艺繁杂的项目进行职业病危害因素识别
工程分析法	对识别对象的生产流程、生产设备布局、化学反应原理、原辅材料及其杂质种类含量等进行分析，推测生产过程中固有的、潜在的、可能产生的各种职业病危害因素	主要用于新工程、新工艺、新技术、新材料等项目，不易找到类比对象

续表

方法	概念	适用范围
调查、检测法	在对工作场所进行职业健康学调查基础上，应用采样分析仪器对可能存在的职业病危害因素进行鉴别分析	存在混合性、不确定的因素的项目

2.5.4 职业病危害因素识别程序

职业病危害因素识别分析程序如图2-6所示。

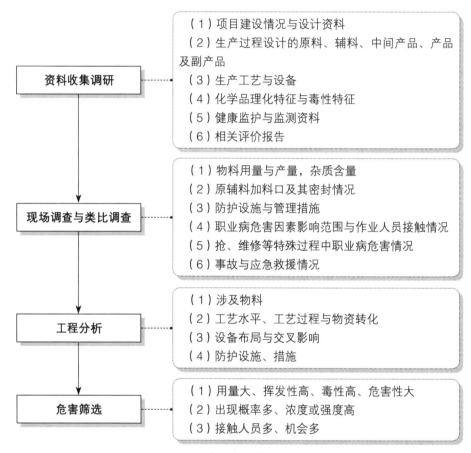

图2-6 职业病危害因素识别分析程序

2.5.5 职业病危害因素识别分析重点环节

职业病危害因素识别分析重点环节如表2-18所示。

表2-18 职业病危害因素识别分析重点环节

序号	重点环节	分析重点
1	原辅材料	（1）种类与数量 （2）形态：气体、液体、固体、气溶胶

序号	重点环节	分析重点
1	原辅材料	（3）理化特性：挥发性、熔点、沸点 （4）储运、装卸 （5）加料、投料 （6）杂质（金属矿料、石油气等，包括铅、砷、磷、硫、氨） （7）产地（煤炭、原油） （8）毒性资料与质检报告资料
2	生产过程	（1）生产原理：条件 （2）化学过程：化学反应、物料转化 （3）物理过程：压力、温度、机械挤压切割 （4）物理化学过程 （5）生产方式 （6）设备选型 （7）工艺水平：密闭性、自动化程度
3	产品副产品	（1）种类、数量 （2）形态 （3）包装、储运 （4）废品废物（废气、废液、废渣）

2.5.6　密闭空间职业病危害因素识别

密闭空间是指与外界相对隔离，进出口受限，自然通风不良，足够容纳一人进入并从事非常规、非连续作业的有限空间。

（1）密闭空间存在的职业病危害的主要表现。密闭空间存在的职业病危害主要表现在缺氧窒息和急性职业中毒两方面，如表2-19所示。

表2-19　密闭空间存在的职业病危害的表现与成因

序号	表现	引发原因
1	缺氧窒息	密闭空间在通风不良状况下，下列原因可能导致空气中氧气浓度下降： （1）可能残留的化学物质或容器壁本身的氧化反应导致对空气中氧的消耗 （2）微生物的作用导致空间内氧浓度降低 （3）氮气吹扫置换后残留比例过大 （4）劳动者在密闭空间中从事电焊、动火等耗氧作业 （5）工作人员滞留时间过长，自身耗氧导致空间内氧浓度降低
2	急性职业中毒	密闭空间中有毒物质可由下列原因产生： （1）盛装有毒物质的罐槽等容器未能彻底清洗，残留液体蒸发，或残留气体未被吹扫置换 （2）密闭空间内残留物质发生化学反应，产生化学毒物的聚集 （3）密闭空间内残留化学物质吸潮后产生有毒物质 （4）密闭空间内有机质被微生物分解，产生如硫化氢、氨气等有毒物质

续表

序号	表现	引发原因
2	急性职业中毒	（5）密闭空间内进行电焊等维修作业产生高浓度的氮氧化物 （6）密闭空间内进行油漆作业产生大量的有机溶剂气体 （7）周围相对密度较大的有毒气体向密闭空间内聚集

（2）危害的识别要点。密闭空间职业危害的识别要点如图2-7所示。

 要点一 重点关注密闭空间通风换气问题

> 应对密闭空间有效容量大小、形状、进出口大小、自然通风情况及有无机械通风情况进行深入细致的调查分析，以判断该空间通风换气的效果

要点二 全面分析有毒气体可能产生的原因

> 应从密闭空间建造材料、可能残留物、外来物化学性质、化学反应及微生物作用等多方面考虑，分析有毒化学物质产生和聚集的机理。如通风不良的化粪池、下水道集水井易导致硫化氢气体聚集；含砷矿渣遇水后产生砷化氢气体；容器内从事电焊维修导致氮氧化物聚集等

要点三 注意密闭空间所处周围环境

> 如果密闭空间所处的周围环境有产生有害气体的条件，应考虑有害气体向密闭空间聚集的可能，特别是比重较大的硫化氢气体较易向低洼的密闭空间沉积

图2-7　密闭空间职业危害的识别要点

2.5.7　异常运转情况下职业病危害因素识别

（1）试生产阶段。在生产线（装置）试生产或调试期间，往往存在特殊的职业病危害问题，许多急性职业中毒事故就发生在此阶段。试生产或调试期间职业病危害识别应充分考虑装置泄漏、仪表失灵、连锁装置异常、卫生防护设施运转不正常等异常情况可能导致的职业病危害因素问题。企业应做好应急救援预案和个人防护。

（2）异常开车与停车。在生产线（装置）异常开车、停车，或紧急停车情况下，往往会导致生产工艺参数的波动，从而导致一些非正常生产情况下的职业病危害问题。对于这类问题应根据建设项目生产装置、工艺流程等情况具体分析。特别是连续生产的化工企业，必须配备必要的泄险容器和设备。对异常开车、停车，或紧急停车情况下的职业病危害因素识别应充分考虑装置在紧急情况下安全处置能力和防护设施的承受能力问题，根据各种假设的异常情况逐项排查，全面识别。

（3）设备事故。某些设备事故往往伴随有毒物质的异常泄漏与扩散，成为导致急性职业中毒的主要原因之一，应重点予以辨识。通过查阅建设项目的安全评价报告，找出设备事故的类型及可能导致的毒物泄漏与扩散情况，并用事故后果模拟分析法（如有毒气体半球扩散数学模型）等评估事故导致有毒物质泄漏影响的范围与现场浓度（即定量识别），为制定事故应急救援预案提供依据。

2.5.8 维修时职业病危害因素识别

随着生产装置技术进步，自动化、密闭化程度的增高，很多生产装置在正常生产工况下职业病危害能基本得到控制，但是在设备装置维修时却存在一些难以控制的职业病危害问题。如目前现代化的燃煤火力发电厂自动化程度高，生产过程中存在的有毒物质和粉尘职业病危害基本得到了控制。但在设备维修过程中，还存在锅炉维修时硅尘、氢氟酸、亚硝酸、放射线和高温等多种较为严重的职业病危害因素。下面提供几份不同的有毒物质采样记录表，仅供读者参考。

范本2.01

工作场所空气中有毒物质定点采样记录表

职业健康技术服务机构名称：

受控编号：
第　页 共　页

公司名称		项目编号	
检测类型	（评价 日常 监督 事故）	待测物	
检测仪器		检测方法	

样品编号	仪器编号	采样地点	生产情况/工人个体防护措施	接触时间/分钟	采样流量/（升/分钟）		采样时间		温度/℃ 气压/千帕
					采样前	采样后	开始时间	结束时间	

采样人：　　　年　月　日　　　陪同人：　　　　　年　月　日

范本2.02

工作场所空气中粉尘定点采样记录表

受控编号：

职业健康技术服务机构名称：　　　　　温度：　　湿度：　　第　页　共　页

公司名称		项目编号	
检测类型	（评价　日常　监督　事故）	待测物	
检测仪器		检测方法	

样品编号	仪器编号	采样地点	生产情况/工人个体防护措施	接触时间/分钟	粉尘种类	采样流量/（升/分钟）		采样时间		采样前滤膜重量/毫克	采样后滤膜重量/毫克
						采样前	采样后	开始时间	结束时间		

采样人：　　　　年　月　日　　　陪同人：　　　　年　月　日

范本2.03

工作场所空气中粉尘浓度分析记录表

受控编号：

职业健康技术服务机构名称：　　　　　公司名称：　　　第　页　共　页

样品编号	岗位或采样地点	粉尘种类	采样体积/升	滤膜增重/毫克	浓度/（毫克/立方米）	日接触时间/分钟	TWA/（毫克/立方米）	超限倍数

分析者：　　　　　　　　　　　　　　　分析日期：

范本2.04

工作场所空气中毒物浓度分析记录表

受控编号：

职业健康技术服务机构名称： 公司名称： 毒物名称： 第 页 共 页

样品编号	岗位或检测地点	浓度/（毫克/立方米）	日接触时间/分钟	TWA/（毫克/立方米）	STEL/（毫克/立方米）

分析者： 分析日期：

范本2.05

工作场所物理因素测量记录表（一）

受控编号：

职业健康技术服务机构名称： 第 页 共 页

公司名称		项目编号	
检测类型	（评价 日常 监督 事故）	待测物	
测量仪器及编号		检测方法	

测量地点	生产情况/工人个体防护措施	接触时间/（小时/天）	测量结果〔 　 〕			备注
			1	2	3	

采样人： 年 月 日 陪同人： 年 月 日

注：此表适用于噪声、工频磁场、工频电场测量记录。

范本2.06

工作场所物理因素测量记录表（二）

受控编号：

职业健康技术服务机构名称：

第　页 共　页

公司名称		项目编号	
检测类型	（评价　日常　监督　事故）	待测物	
测量仪器及编号		检测方法	

测量地点	测量部位	生产情况/工人个体防护措施	接触时间/（小时/天）	测量结果 [　　]			备注
				1	2	3	

采样人：　　　　年　月　日　　　　陪同人：　　　　　年　月　日

注：此表适用于微波、高频辐射、激光测量记录。

范本2.07

工作场所空气中有毒物质个体采样记录表

受控编号：

职业健康技术服务机构名称：

第　页 共　页

公司名称		项目编号	
检测类型	（评价　日常　监督　事故）	待测物	
检测仪器		检测方法	

样品编号	仪器编号	个体对象姓名	生产岗位（工段）	生产情况/工人个体防护措施	接触时间/（小时/天）	采样流量/（升/分钟）		采样时间		温度/℃气压/千帕
						采样前	采样后	开始时间	结束时间	

采样人：　　　　年　月　日　　　　陪同人：　　　　　年　月　日

范本2.08

工作场所噪声个体测量记录表

受控编号：

职业健康技术服务机构名称： 第 页 共 页

公司名称		项目编号	
检测类型	（评价 日常 监督 事故）	检测方法	
检测仪器			

仪器编号	个体对象姓名	生产岗位（工段）	生产情况/工人个体防护措施	测量时间			接触时间/（小时/天）	测量结果[分贝（A）]		LEX.8h[分贝（A）]	备注
				开始时间	结束时间	持续时间/分钟		TWA	LAVG		

测定人： 年 月 日 陪同人： 年 月 日

范本2.09

工作场所高温测量记录表

受控编号：

职业健康技术服务机构名称： 第 页 共 页

公司名称		项目编号	
检测类型	（评价 日常 监督 事故）	测量方法	
测量仪器及编号		天气情况	

测量地点	接触时间	9：00				13：00				16：00			
		干球	湿球	黑球	WBGT	干球	湿球	黑球	WBGT	干球	湿球	黑球	WBGT

测定人： 年 月 日 陪同人： 年 月 日

范本2.10

职业病危害因素识别汇总表

序号	识别时间	识别车间	识别岗位	危害因素	有害物质	导致的职业病	防范措施	备注

第**3**章
工作场所职业病危害警示标识管理

　　企业应根据《工作场所职业病危害警示标识》GBZ 158—2003
的规定来设置危害警示标识。

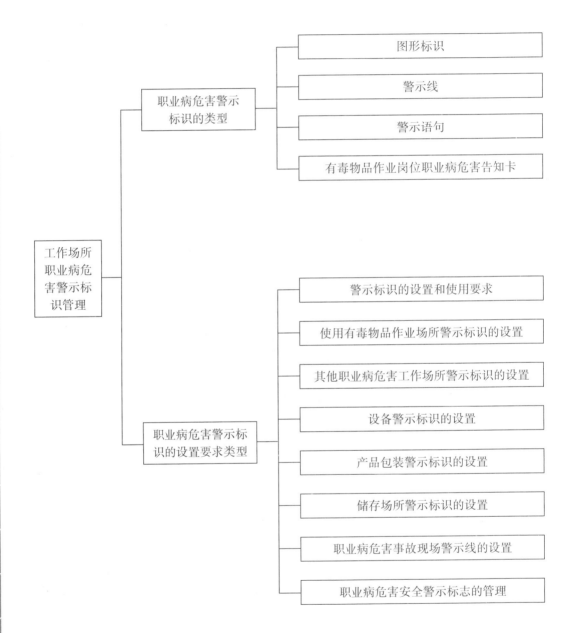

职业病危害警示标识的类型
- 图形标识
- 警示线
- 警示语句
- 有毒物品作业岗位职业病危害告知卡

工作场所职业病危害警示标识管理

职业病危害警示标识的设置要求类型
- 警示标识的设置和使用要求
- 使用有毒物品作业场所警示标识的设置
- 其他职业病危害工作场所警示标识的设置
- 设备警示标识的设置
- 产品包装警示标识的设置
- 储存场所警示标识的设置
- 职业病危害事故现场警示线的设置
- 职业病危害安全警示标志的管理

3.1 职业病危害警示标识的类型

职业病危害警示标识是指在工作场所设置的可以使劳动者对职业病危害产生警觉，并采取相应防护措施的标识。它包括图形标识、警示线、警示语句和文字（危害告知卡）等几种类型。

3.1.1 图形标识

图形标识分为禁止标识、警告标识、指令标识和提示标识。

（1）禁止标识。禁止标识——禁止不安全行为的图形，如"禁止入内"标识。禁止标识如表3-1所示。

表3-1 禁止标识

序号	名称	图形符号	设置范围和地点
1	禁止入内		可能引起职业病危害的工作场所入口处或泄险区周边，如高毒物品作业场所、放射工作场所等；或可能产生职业病危害的设备发生故障时；或维护、检修存在有毒物品的生产装置时，根据现场实际情况设置
2	禁止停留		在特殊情况下，对劳动者具有直接危害的作业场所
3	禁止启动		可能引起职业病危害的设备暂停使用或维修时，如设备检修、更换零件等，设置在该设备附近

（2）警告标识。警告标识——提醒对周围环境需要注意，以避免可能发生危险的图形，如"当心中毒"标识。警告标识如表3-2所示。

表3-2 警告标识

序号	名称	图形符号	设置范围和地点
1	当心中毒		使用于有毒物品作业场所
2	当心腐蚀		存在腐蚀物质的作业场所
3	当心感染		存在生物性职业病危害因素的作业场所
4	当心弧光		引起电光性眼炎的作业场所
5	当心电离辐射		产生电离辐射危害的工作场所
6	注意防尘		产生粉尘的作业场所

序号	名称	图形符号	设置范围和地点
7	注意高温		高温作业场所
8	当心有毒气体		存在有毒气体的工作场所
9	噪声有害		产生噪声的作业场所

（3）指令标识。指令标识——强制做出某种动作或采用防范措施的图形，如"戴防毒面具"标识。指令标识如表3-3所示。

表3-3　指令标识

序号	名称	图形符号	设置范围和地点
1	戴防护镜		对眼睛有危害的作业场所
2	戴防毒面具		可能产生职业中毒的作业场所

序号	名称	图形符号	设置范围和地点
3	戴防尘口罩		粉尘浓度超过国家标准的作业场所
4	戴护耳器		噪声超过国家标准的作业场所
5	戴防护手套		需对手部进行保护的作业场所
6	穿防护鞋		需对脚部进行保护的作业场所
7	穿防护服		具有放射、微波、高温及其他需穿防护服的工作场所
8	注意通风		存在有毒物品和粉尘等需要进行通风处理的作业场所

（4）提示标识。提示标识——提供相关安全信息的图形，如"救援电话"标识。提示标识如表3-4所示。

表3-4 提示标识

序号	名称	图形符号	设置范围和地点
1	左行紧急出口		
2	右行紧急出口		安全疏散的紧急出口处，通向紧急出口的通道处
3	直行紧急出口		
4	急救站		用人单位设立的紧急医学救助场所
5	救援电话		救援电话附近

图形标识可与相应的警示语句配合使用。图形、警示语句和文字设置在作业场所入口处或作业场所的显著位置。

3.1.2 警示线

警示线是界定和分隔危险区域的标识线，分为红色、黄色和绿色三种。按照需要，警示线可喷涂在地面或制成色带设置。

警示线也是一种警示标识。根据不同的危害和控制要求设立不同的警示线。警示线设置在使用一般有毒物品作业场所、高毒作业场所和放射工作场所以及事故发生时不同的隔离带。

在《使用有毒物品作业场所劳动保护条例》中规定，使用有毒物品作业场所设置黄色区域警示线，在高毒作业场所特定岗位设置红色区域警示线。考虑到突发职业危害事故紧急救援问题，把事故现场设置临时警示线也纳入了管理范围。

3.1.3 警示语句

警示语句是一组表示禁止、警告、指令、提示或描述工作场所职业病危害的词语。警示语句可单独使用，也可与图形标识组合使用。基本警示语句如表3-5所示。

表3-5 基本警示语句

编号	语句内容	编号	语句内容
1	禁止入内	2	有毒气体
3	禁止停留	4	噪声有害
5	禁止启动	6	戴防护镜
7	当心中毒	8	戴防毒面具
9	当心腐蚀	10	戴防尘口罩
11	当心感染	12	戴护耳器
13	当心弧光	14	戴防护手套
15	当心辐射	16	穿防护鞋
17	注意防尘	18	穿防护服
19	注意高温	20	注意通风
21	左行紧急出口	22	遇湿具有腐蚀性
23	右行紧急出口	24	窒息性
25	直行紧急出口	26	剧毒
27	急救站	28	高毒
29	救援电话	30	有毒
31	刺激眼睛	32	有毒有害
33	遇湿具有刺激性	34	遇湿分解放出有毒气体
35	刺激性	36	当心有毒气体
37	刺激皮肤	38	接触可引起伤害
39	腐蚀性	40	皮肤接触可对健康产生危害
41	对健康有害	42	戴防护面具
43	接触可引起伤害和死亡	44	戴防溅面具
45	麻醉作用	46	佩戴射线防护用品
47	当心眼损伤	48	未经许可，不许入内

编号	语句内容	编号	语句内容
49	当心灼伤	50	不得靠近
51	强氧化性	52	不得越过此线
53	当心中暑	54	泄险区
55	佩戴呼吸防护器	56	不得触摸

企业应该根据工作场所职业病危险的实际状况进行选用。除了以上的基本警示语句外，在特殊情况下，企业可自行编制适当的警示语句。警示语句既可单独使用，又可组合使用，也可构成完整的句子。

3.1.4 有毒物品作业岗位职业病危害告知卡

"告知卡"是设置在使用高毒物品作业岗位醒目位置上的一种警示，它以简洁的图形和文字，将作业岗位上所接触的有毒物品的危害性告知劳动者，并提醒劳动者采取相应的预防和处理措施。"告知卡"包括有毒物品的通用提示栏、有毒物品名称、健康危害、警告标识、指令标识、应急处理和理化特性等内容。如表3-6所示。

表3-6 "告知卡"的内容说明

序号	项目	具体说明
1	通用提示栏	在"告知卡"的最上边一栏用红底白字标明"有毒物品，对人体有害，请注意防护"等作为通用提示
2	有毒物品名称	用中文标明有毒物品的名称。名称要醒目清晰，位于"告知卡"的左上方，可能时应提供英文名称
3	健康危害	简要表述职业病危害因素对人体健康的危害后果，包括急、慢性危害和特殊危害。此项目位于"告知卡"的中上部位
4	警告标识	在名称的正下方，设置相应的警示语句或警告标识，有多种危害时，可设置多重警告标识或警示语句
5	指令标识	用警示语句或指令标识表示要采取的职业病危害防护措施
6	应急处理	简要表述发生急性中毒时的应急救治与预防措施
7	理化特性	简要表述有毒物品理化、燃烧和爆炸危险等特性
8	救援电话	设立用于在发生意外泄漏或者其他可能引起职业病危险情况下的紧急求助电话，便于组织相应力量进行救援工作
9	职业健康咨询电话	为劳动者设立的提供职业病危害防范知识和建议的咨询电话

"告知卡"的样式示例如表3-7所示。

表3-7 有毒有害物品作业岗位职业病危害告知卡

有毒有害物品，对人体有害，请注意防护		
	健康危害	理化特性
甲醇 Methanol	对中枢神经系统有麻醉作用；对视神经和视网膜有特殊选择作用，引起病变；可致代谢性酸中毒。侵入途径：吸入、食入、经皮肤吸收。	无色澄清液体，有刺激性气味。溶于水，可混溶于醇、醚等多数有机溶剂。 熔点：−97.8℃。 沸点：64.8℃。
 当心中毒	应急处理	
	皮肤接触：脱去污染的衣着，用肥皂水和清水彻底冲洗皮肤。 眼睛接触：提起眼睑，用流动清水或生理盐水冲洗。就医。 吸入：迅速脱离现场至空气新鲜处。保持呼吸道通畅。如呼吸困难，给输氧。如呼吸停止，立即进行人工呼吸。就医。	

急救电话：120	公司职业健康咨询电话：	

3.2 职业病危害警示标识的设置要求

3.2.1 警示标识的设置和使用要求

（1）警示标识的设置高度。除警示线外，警示标识设置的高度，尽量与人眼的视线高度相一致，悬挂式和柱式的环境信息警示标识的下缘距地面的高度不宜小于2米；局部信息警示标识的设置高度视具体情况确定。

（2）使用警示标识的要求

①警示标识设在与职业病危险工作场所有关的醒目位置，并让人有足够的时间来注意它所表示的内容。

② 警示标识不设在门、窗等可移动的物体上。警示标识前不得放置妨碍认读的障碍物。

③ 警示标识（不包括警示线）的平面与视线夹角应接近90°角，观察者位于最大观察距离时，最小夹角不低于75°角，如图3-1所示。

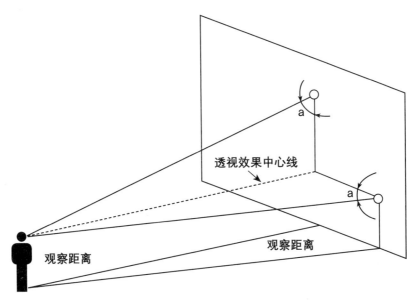

图3-1　警示标识平面与视线夹角a不低于75°角

④ 警示标识设置的位置应具有良好的照明条件。

⑤ 警示标识（不包括警示线）的固定方式分附着式、悬挂式和柱式三种。悬挂式和附着式的固定要稳固不倾斜，柱式的警示标识和支架应牢固地连接在一起。

（3）警示标识的其他要求。警示标识（不包括警示线）要有衬边。除警告标识边框用黄色勾边外，其余全部用白色将边框勾一窄边，即为警示标识的衬边。衬边宽度为标识边长或直径的0.025倍。

① 警示标识的材质。警示标识（不包括警示线）采用坚固耐用的材料制作，一般不宜使用易变形、变质或易燃的材料。有触电危险的作业场所使用绝缘材料。

可能产生职业病危害的设备、化学品、放射性同位素和含放射性物质的材料产品包装上，可直接粘贴、印刷或者喷涂警示标识。

② 警示标识（不包括警示线）表面质量。除上述要求外，标志牌图形要清楚、光滑、无孔洞及影响使用的任何缺陷。

③ 警示标志牌的尺寸。警示标志牌（不包括警示线）的尺寸，如表3-8所示。

表3-8　警示标志牌（不包括警示线）的尺寸

单位：米

序号	观察距离 L	圆形标识的外直径	三角形标识外边长	正方形标识外边长	长方形附加提示标识（长×宽）
1	$0 < L \leq 2.5$	0.070	0.088	0.063	0.126×0.063
2	$2.5 < L \leq 4.0$	0.110	0.140	0.100	0.200×0.100
3	$4.0 < L \leq 6.3$	0.175	0.220	0.160	0.320×0.160
4	$6.3 < L \leq 10.0$	0.280	0.350	0.250	0.500×0.250
5	$10.0 < L \leq 16.0$	0.450	0.560	0.400	0.800×0.400
6	$16.0 < L \leq 25$	0.700	0.880	0.630	1.260×0.630
7	$25 < L \leq 40.0$	1.110	1.400	1.000	2.000×1.000

注：1. 允许有±3%的误差
　　2. 在特殊情况下，警示标志牌的尺寸可适当调整

④设在固定场所的警示线宽度为10厘米，警示线可用涂料制作。临时警示线宽度为10厘米，可用纤维等材料制作。

（4）警示标识的检查与维修。警示标识每半年至少检查一次，如发现有破损、变形、褪色等不符合要求时要及时修整或更换。

3.2.2　使用有毒物品作业场所警示标识的设置

在使用有毒物品作业场所入口或作业场所的显著位置，根据需要，设置"当心中毒"或者"当心有毒气体"警告标识，"戴防毒面具""穿防护服""注意通风"等指令标识和"紧急出口""救援电话"等提示标识。

依据《高毒物品目录》，在使用高毒物品作业岗位醒目位置设置告知卡。

在高毒物品作业场所，设置红色警示线。在一般有毒物品作业场所，设置黄色警示线。警示线设在使用有毒作业场所外缘不少于30厘米处。

在高毒物品作业场所应急撤离通道设置紧急出口提示标识。在泄险区启用时，设置"禁止入内""禁止停留"的警示标识，并加注必要的警示语句。

可能产生职业病危害的设备发生故障时，或者维修、检修存在有毒物品的生产装置时，根据现场实际情况设置"禁止启动"或"禁止入内"警示标识，可加注必要的警示语句。

3.2.3　其他职业病危害工作场所警示标识的设置

在产生粉尘的作业场所设置"注意防尘"警告标识和"戴防尘口罩"指令标识。

在可能产生职业性灼伤和腐蚀的作业场所，设置"当心腐蚀"警告标识和"穿防护服""戴防护手套""穿防护鞋"等指令标识。

在产生噪声的作业场所，设置"噪声有害"警告标识和"戴护耳器"指令标识。

在高温作业场所，设置"注意高温"警告标识。

在可引起电光性眼炎的作业场所，设置"当心弧光"警告标识和"戴防护镜"指令标识。

存在生物性职业病危害因素的作业场所，设置"当心感染"警告标识和相应的指令标识。

存在放射性同位素和使用放射性装置的作业场所，设置"当心电离辐射"警告标识和相应的指令标识。

3.2.4　设备警示标识的设置

在可能产生职业病危害的设备上或其前方醒目位置设置相应的警示标识。

3.2.5　产品包装警示标识的设置

在可能产生职业病危害的化学品、放射性同位素和含放射性物质的材料的产品包装上，要设置醒目的相应的警示标识和简明中文警示说明。警示说明载明产品特性、存在的有害因素、可能产生的危害后果，安全使用注意事项以及应急救治措施内容。

3.2.6　储存场所警示标识的设置

储存可能产生职业病危害的化学品、放射性同位素和含有放射性物质材料的场所，在入口处和存放处设置相应的警示标识及简明中文警示说明。

3.2.7　职业病危害事故现场警示线的设置

在职业病危害事故现场，根据实际情况，设置临时警示线，划分出不同功能区。

红色警示线设在紧邻事故危害源周边，将危害源与其他的区域分隔开来，限佩戴相应防护用具的专业人员可以进入此区域。

黄色警示线设在危害区域的周边，其内外分别是危害区和洁净区，此区域内的人员要佩戴适当的防护用具，出入此区域的人员必须进行洗消处理。

绿色警示线设在救援区域的周边，将救援人员与公众隔离开来。患者的抢救治疗、指挥机构设在此区内。

3.2.8　职业病危害安全警示标志的管理

职业病危害安全警示标志其实就是一张小看板，表面上感觉很简单，其实标志也非常讲究。因为企业需要标示的警示标志有很多，如果标志没有统一的标准，时间长了会有一种让人眼乱心烦的感觉。因此，企业一定要在一开始就做好标志的统一规定，不要等做完了以后才发现问题再重新来做，这样会浪费很多的物力、人力和财力。

（1）标志的字体。标志的文字最好是使用打印出来的，不要手写，这样不但容易统一字体和大小规格，而且比较标准和美观。

（2）标志的粘贴。标志必须要粘贴好，特别是一些危险、警告等的标志，并且要经常检查是否有脱落现象。有时可能会因标志的脱落而导致严重的错误发生。

（3）保持警示标志牌整洁、清晰。要有专人管理标志，至少每半年检查一次，如发现有破损、变形、褪色等不符合要求时应及时修整或更换。

（4）要制度化管理。企业对职业病危害安全警示标志和安全防护应以制度的形式予以规范。下面提供几份某企业的安全防护制度和告知卡明细表，仅供读者参考。

范本3.01
职业病危害安全警示标志和安全防护管理制度

1. 目的

为了规范安全生产的职业病危害的告知和安全警示工作，预防、控制和消除职业病，保证安全生产的顺利进行，维护公司员工权利，加强监督管理，特制定本管理制度。

2. 范围

公司安全生产过程中的安全管理。

3. 职责

3.1 各车间负责对本车间的危险源进行评估、标示汇总。

3.2 车间主任负责对一些警示标志和安全防护进行安装。

4. 内容

4.1 基本原则

4.1.1 本制度所称的职业病危害告知是将工作场所的职业病危害和防护措施如实告诉公司员工，告知的形式包括劳动合同、公告栏和培训；职业病危害警示是在工作场所设置可以使员工产生警觉并采取相应防护措施的图形、线条、相关文字、信号、报警装置及通信报警装置等。其中图形、线条和相关文字统称为警示标识。

4.1.2 将工作场所的职业病危害如实告知公司员工，并按GBZ 158—2003设置警示标识。

4.1.3 依据职业病危害因素的特性，选用并设置相应的防护标识。

4.1.4 在工作场所中，公司员工应严格按照告知和警示提示进行防护。

4.1.5 安全生产部、生产技术部及有关部门的管理人员有权对本制度的执行情况进行监督检查，发现问题有权提出处理意见。

4.2 告知

4.2.1 存在粉尘、放射性物质和其他有毒、有害物质、噪声等职业病危害的车间部门，必须将工作过程中可能接触的职业病危害因素的种类、危害程度、危害后果、提供的职业病防护设施和个人使用的职业病防护用品等情况通过岗前培训、岗位培训和公告等方式如实告知公司员工，不得隐瞒或者欺骗。

4.2.2 公司与员工订立劳动合同时应在合同中履行如实告知的义务；在劳动合同期间

因工作岗位或者工作内容变更，从事与所订立劳动合同中未告知的职业病危害作业时，应当依照前条规定，向员工履行如实告知的义务，并协商变更原劳动合同相关条款。

4.2.3　定期对员工进行工作场所职业病危害告知和警示规定方面的培训，主管部门应了解其设置和使用方法。

4.2.4　各车间部门要对公司员工进行岗前培训，使他们了解和掌握被告知的内容，识别警示标识的含义和应对措施。工作场所职业病危害告知和警示标识内容列入在岗职业健康培训范围。

4.2.5　设置公告栏

（1）在公司门口、作业场所醒目位置设置。

（2）有关职业病防治的规章制度、操作规程、职业病危害事故应急救援措施、求助和救援电话号码要发放到相关岗位。

（3）工作场所职业病危害因素标准及检测结果公布于岗位。

（4）公告内容应准确、完整、字迹清晰、及时更新。

4.3　警示

4.3.1　存在粉尘、放射性物质和其他有毒、有害物质等职业病危害的岗位必须设置相应的警示标识、警示线、警示信号、自动报警和通信报警装置。

4.3.2　警示标识分为禁止标识、警告标识、指令标识、提示标识和警示线。

（1）禁止标识。禁止不安全行为的图形文字符号，禁止标识的基本形式是红色圆环加斜杠。

（2）警告标识。提醒对周围环境需要注意，以避免可能发生危险的图形文字符号；警告标识的基本形式是黄色等边三角形。

（3）指令标识。强制做出某种动作或采用防护措施的图形文字符号；指令标识的基本形式是蓝色圆形。

（4）提示标识。提供某种信息（如标明安全设施或场所等）的图形文字符号；提示标识的基本形式是绿色正方形和长方形。

4.3.3　警示语句。警示语句是一组表示禁止、警告、指令、提示或描述工作场所职业病危害的词语。警示语句可单独使用，也可与图形标识组合使用。

4.3.4　有毒物品作业岗位职业病危害告知卡

（1）在有毒岗位设置"有毒物品作业岗位职业病危害告知卡"（以下简称告知卡）。针对某一职业病危害因素，告知危害后果及其防护措施。

（2）"告知卡"包括有毒物品的通用提示栏、有毒物品名称、健康危害、警告标识、指令标识、应急处理和理化特性等内容。

（3）设置在使用有毒物品作业岗位的醒目位置。

4.3.5　设置

（1）使用有毒物品作业场所警示标识的设置

①在使用有毒物品作业场所入口或作业场所的显著位置，根据需要，设置"当心中毒"或者"当心有毒气体"警告标识，"戴防毒面具""穿防护服""注意通风"等指

令标识和"紧急出口""救援电话"等提示标识

②可能产生职业病危害的设备发生故障时，或者维修、检修存在有毒物品的生产装置时，根据现场实际情况设置"禁止启动"或"禁止入内"警示标识，可加注必要的警示语句。

（2）其他职业病危害工作场所警示标识的设置

①在产生粉尘的作业场所设置"注意防尘"警告标识和"戴防尘口罩"指令标识。

②在可能产生职业性灼伤和腐蚀的作业场所，设置"当心腐蚀"警告标识和"穿防护服""戴防护手套""穿防护鞋"等指令标识。

③在产生噪声的作业场所，设置"噪声有害"警告标识和"戴护耳器"指令标识。

④在高温作业场所，设置"注意高温"警告标识。

⑤在可引起电光性眼炎的作业场所，设置"当心弧光"警告标识和"戴防护镜"指令标识。

⑥存在生物性职业病危害因素的作业场所，设置"当心感染"警告标识和相应的指令标识。

⑦存在放射性同位素和使用放射性装置的作业场所，设置"当心电离辐射"警告标识和相应的指令标识。

（3）设备警示标识的设置。在可能产生职业病危害的设备上或其前方醒目位置设置相应的警示标识。

4.3.6 消防安全标志的设置

（1）公共消防设施、器材要设置指示标识。

（2）疏散通道、安全出口要设置指示标识。

4.3.7 使用的警示标识、警示信号、报警装置，应当符合要求。设置的警示标识应当醒目、保持完整，使用的警示信号、报警装置保持功能完好。

4.4 警示标识设置和使用规范

4.4.1 警示标识的设置高度。警示标识设置的高度，应尽量与人眼的视线高度相一致。悬挂式和柱式的环境信息警示标识的下缘距地面的高度不宜小于2米；局部信息标志的设置高度应视具体情况确定。

4.4.2 使用警示标识的要求

（1）警示标识应设在与职业病危害工作场所有关的醒目地方，并使大家看见后，有足够的时间来注意它所表示的内容。环境信息标识宜设在有关场所的入口处和醒目处；局部信息标志应设在所涉及的相应危险地点或设备上的醒目处。

（2）警示标识不应设在门、窗、架等可移动的物体上，以免这些物体位置移动后，看不见安全标志。警示标识前不得放置妨碍认读的障碍物。

（3）警示标识的平面与视线夹角应接近90°角，观察者位于最大观察距离时，最小夹角不低于75°角。

（4）警示标识应设置在明亮的环境中。

（5）警示标识的固定方式分附着式、悬挂式和柱式三种。悬挂式和附着式的固定应稳固不倾斜，柱式的警示标识和支架应牢固地连接在一起。

4.5 检查与维修

4.5.1 保持警示标志牌整洁、清晰。

4.5.2 至少每半年检查一次，如发现有破损、变形、褪色等不符合要求时应及时修整或更换。

4.6 采购

4.6.1 各车间部门根据GBZ 158—2003要求，对本辖区的职业病危害进行辨识，并根据实际情况将所需的警示标识报告给安委会。

4.6.2 安委会根据各车间部门申报情况，审查核实后，向生产厂家采购合格规范的标识。

范本3.02
有毒有害物品作业岗位职业病危害告知卡明细表

序号	标示牌名称	数量	安装位置	备注
1	噪声			
2	粉尘			
3	苯等有毒气体			
4	高温			
5	电离辐射			
6	紫外线			
7	铅烟			
8	乙醇			
9	溴素			
10	氨			
11	一氧化碳			
12	电焊工岗位：高温、电焊尘、有毒气体、弧光			
13	烫伤			
14	丁酮			
15	异丙醇			
16	液氮			

序号	标示牌名称	数量	安装位置	备注
17	甲醇			
18	氧气			
19	硫酸			
20	二氯甲烷			
21	甲苯			
22	硝酸			
23	氢氧化钠			
24	过氧化氢			
25	可溶性镍化物			
26	异佛尔酮			
27	环己酮			
28	乙酸乙酯			
29	苯乙烯			
30	硫酸			
31	盐酸			
32	煤气			
33	钒			
34	锰			
35	氯气			
36	硫化氢			
37	氮气			
38	四氢呋喃			
39	甲醛			
40	1，4-丁炔二醇			
41	1，4-丁二醇			
42	放射源（钴-60）			
43	放射源（铯-137）			
	合计	块		

第**4**章
职业病防护设施、用品的配备与管理

企业应根据《职业病防护设施与职业病防护用品管理办法》的规定，来配备职业病防护设施、用品，并加以管理。

本章导视

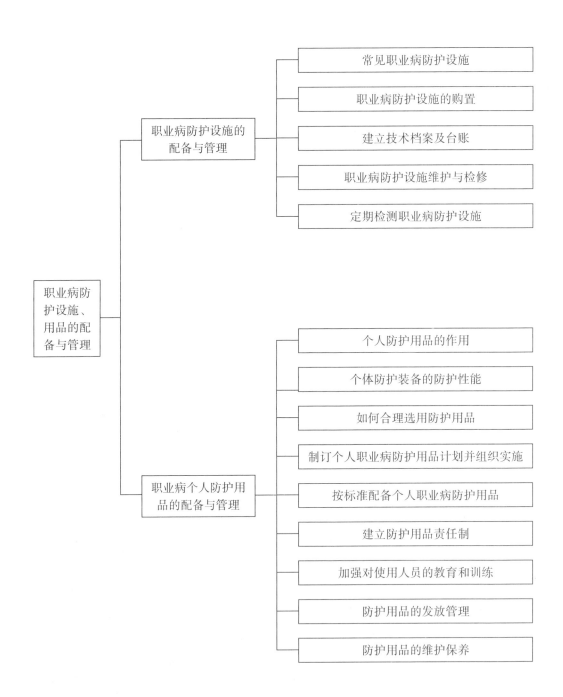

职业病防护设施、用品的配备与管理

- 职业病防护设施的配备与管理
  - 常见职业病防护设施
  - 职业病防护设施的购置
  - 建立技术档案及台账
  - 职业病防护设施维护与检修
  - 定期检测职业病防护设施

- 职业病个人防护用品的配备与管理
  - 个人防护用品的作用
  - 个体防护装备的防护性能
  - 如何合理选用防护用品
  - 制订个人职业病防护用品计划并组织实施
  - 按标准配备个人职业病防护用品
  - 建立防护用品责任制
  - 加强对使用人员的教育和训练
  - 防护用品的发放管理
  - 防护用品的维护保养

4.1 职业病防护设施的配备与管理

任何企业只要存有职业病危害因素的，都应根据工艺特点、生产条件和工作场所存在的职业病危害因素性质选择相应的职业病防护设施，以预防、消除或者降低工作场所的职业病危害，减少职业病危害因素对劳动者健康的损害或影响，达到保护劳动者健康的目的。

4.1.1 常见职业病防护设施

职业病防护设施指应用工程技术手段控制工作场所产生的有毒有害物质，防止发生职业危害的一切技术措施。一般常见职业病防护设施如表4-1所示。

表4-1 常见职业病防护设施

序号	种类	常见防护设施
1	防尘	集尘风罩、过滤设备（滤芯）、电除尘器、湿法除尘器、洒水器
2	防毒	隔离栏杆、防护罩、集毒风罩、过滤设备、排风扇（送风通风排毒）、燃烧净化装置、吸收和吸附净化装置
3	防噪声、振动	隔音罩、隔音墙、减振器
4	防暑降温、防寒、防潮	空调、风扇、暖炉、除湿机
5	防非电离辐射（高频、微波、视频）	屏蔽网、罩
6	防电离辐射	屏蔽网、罩
7	防生物危害	防护网、杀虫设备
8	人机工效学	如通过技术设备改造，消除生产过程中的有毒有害源；生产过程中的密闭、机械化、连续化措施、隔离操作和自动控制等

4.1.2 职业病防护设施的购置

职业病防护设施有效是指设施符合产品自身的质量标准，应该是经过国家质量监督检验合格的正规产品；设施符合特定使用场所职业病防护要求，能消除或降低职业病危害因素对劳动者健康的影响。

企业在购置定型的防护设施产品时，产品应当具备下列内容。

（1）产品名称、型号。

（2）生产企业名称及地址。

（3）合格证和使用说明书，使用说明书应当同时载明防护性能、适应对象、使用方法及注意事项。

（4）职业卫生技术服务机构检测报告。检测单位应当具有职业卫生技术服务资质，检测的内容应当有检测依据，以及对某种职业病危害因素控制的效果结论。

用人单位不得使用没有生产企业、没有产品名称、没有职业卫生技术服务机构检测报告的防护设施产品。

4.1.3 建立技术档案及台账

（1）建立技术档案。企业对防护设施应当建立图4-1所示防护设施技术档案，以便于管理。

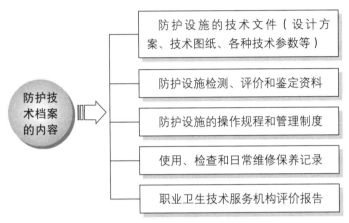

图4-1 防护技术档案的内容

（2）职业病防护设施台账。企业应建立职业病防护设施台账，台账的内容包括设备名称、型号、生产厂家名称、主要技术参数、安装部位、安装日期、使用目的、防护效果评价、使用和维修记录、使用人、保管责任人等内容，具体如表4-2～表4-5所示。职业病防护设施台账应有人负责保管，定期更新，并应制定借阅登记制度。

表4-2 职业病防护设施登记表

作业区/工段	防护设施名称	安装地点	使用情况			使用效果		维护维修记录		备注
			常用	不常用	不用	预防危害因素名称	危害因素合格率/%	定期维修	不定期维修	

注：1. 防护设施：指各类除尘设施、各类排毒设施、各类防暑降温设施、防放射线的设施。
 2. 使用情况：指防护设施的开机率。
 3. 预防危害因素名称：指某防护设施可控制、降低的某种职业危害的名称。
 4. 使用情况、维护维修记录的各种结果在其相应的格中打"√""×"。

表4-3 废气治理设备（施）统计台账

单位：

序号	设备编号	设备名称	所在位置	净化设备参数			风机参数			电机参数		治理效果/（毫克/米³）					投产日期	固定资产/万元	操作者
				型号	处理能力/（立方米/小时）	净化效率/%	型号	风压/帕	风量/（立方米/小时）	型号	功率/千瓦	污染物	治理前		治理后				
													岗位	排放	岗位	排放			

表4-4 噪声治理设备（施）统计台账

单位：

序号	设备编号	设备名称	所在位置	设备结构	治理设备主要参数		治理效果		投产日期	固定资产/万元	资金来源	操作者
					规格型号	降噪量/dB（A）	治理前/dB（A）	治理后/dB（A）				

表4-5 其他设备（施）统计台账

单位：

序号	设备编号	设备名称	所在位置	主要结构	治理设备主要参数	治理效果		投产日期	固定资产/万元	资金来源	操作者
					规格型号	治理前	治理后				

4.1.4 职业病防护设施维护与检修

职业病防护设施是降低职业病有害因素浓度的关键设备，对保护职工的健康、免受职业有害因素的侵害起着至关重要的作用，为了保障其正常运行应做维护与检修。

（1）基本要求。操作人员和维（检）修人员应以主人翁的态度，做到正确使用、精心维护，用严肃的态度和科学的方法维护好设备。坚持维护与检修并重，以维护为主的原则。严格执行岗位责任制，实行设备包机制，确保设备完好。

（2）操作人员的责任。操作人员对使用的设备，通过岗位练兵和学习技术，做到"四懂（懂原理、懂结构、懂性能、懂用途）、三会（会使用、会维护保养、会排除故障）"，并享有"三项权利"，即：有权制止他人私自动用自己操作的设备；发现设备运转不正常，有权停止使用；超期不检修，安全装置不符合规定应立即上报，如不立即处理和采取相应措施，有权停止使用。

操作人员，必须做好下列各项主要工作。

①正确使用设备。严格遵守操作规程，启动前认真准备，启动中反复检查，停车后妥善处理，运行中搞好调整，认真执行操作指标，不准超温、超压、超速、超负荷运行。

②精心维护、严格执行巡回检查制，运用"五字操作法"（听、擦、闻、看、比），手持"三件宝"（扳手、听诊器、抹布），定时按巡回检查路线，对设备进行仔细检查，发现问题，及时解决，排除隐患。搞好设备清洁、润滑、紧固、调整和防腐（即"十字作业法"），保持零件、附件及工具完整无缺。

③掌握设备故障的预防、判断和紧急处理措施，保持安全防护装置完整好用。

④设备按计划运行，定期切换，配合检修人员搞好设备的检修工作，使其经常保持完好状态，保证随时可以启动运行，对备用设备要定时盘点，搞好防冻、防凝等工作。

⑤认真填写设备运行记录、缺陷记录，以及操作日记，如表4-6所示。

⑥经常保持设备和环境清洁卫生，做到沟见底、轴见光、设备见本色、门窗玻璃净。

表4-6　除尘净化设备设施运行记录

单位：　　　　　　　　　　　　　　　　　　　　　　　编号：

日期	班次	记录时间	除尘器名称及编号	除尘器运行时间		干式除尘器（或净化装置）			湿式除尘器		风机电机		排放状况	交班说明	记录人
				起	止	密封情况	清灰时间	清灰量	供水压力/兆帕	供水量/（立方米/小时）	风机	电机			

（3）巡回检查。设备检修人员对防护设施，应按时进行巡回检查，发现问题及时处理，配合操作人员搞好安全生产。

4.1.5 定期检测职业病防护设施

职业病防护设施对于保护劳动者的健康意义重大，如果不能正常运转势必影响防护效果，所以企业除了进行经常性的维护、检修外，还应定期检测其性能和效果，确保其处于正常状态，不得擅自拆除或者停止使用。同时应建立相应的制度，明确维修的相应时间、责任人、维护周期，保证防护设施能正常运转，如表4-7所示。

表4-7　职业病危害防护设施检修、维护记录表

车间名称		车间负责人	
设备名称		检修时间	
检修、维护情况 （包括检修的原因、检修部门、检修费用、检修效果等）：			
验收意见		负责人（签名）： 日期：　　年　　月　　日	

4.2　职业病个人防护用品的配备与管理

个人防护用品（又称劳动防护用品、劳动保护用品，简称"护品"），是指劳动者在劳动中为防御物理、化学、生物等外界因素伤害人体而穿戴和配备的各种物品的总称。任何单位，只要存在职业病危害因素的，都应当为接触职业病危害因素劳动者提供符合国家标准和卫生要求的防护用品。在我国《安全生产法》《职业病防治法》和《使用有毒物品作业场所劳动保护条例》等法律、法规中，有关于个体防护装备的配备、管理等方面的规定，企业应该认真贯彻执行。

4.2.1 个人防护用品的作用

个人防护用品使用一定的屏蔽体或系带、浮体，采取隔离、封闭、吸收、分散、悬浮等手段，保护机体或全身免受外界危害因素的侵害。护品供劳动者个人随身使用，是保护劳动者不受职业危害的最后一道防线。当劳动安全卫生技术措施尚不能消除生产劳动过程

中的危险及有害因素，达不到国家标准、行业标准及有关规定，也暂时无法进行技术改造时，使用护品就成为既能完成生产劳动任务，又能保障劳动者的安全与健康的唯一手段。

4.2.2 个体防护装备的防护性能

常用个体防护装备的防护性能，具体如表4-8所示。

表4-8　个体防护装备的防护性能说明

序号	防护用品品类	防护性能说明
1	工作帽	防头部脏污、擦伤、长发被绞碾
2	安全帽	防御物体对头部造成冲击、刺穿、挤压等伤害
3	防寒帽	防御头部或面部冻伤
4	防冲击安全头盔	防止头部遭受猛烈撞击，供高速车辆驾驶者佩戴
5	防尘口罩（防颗粒物呼吸器）	用于空气中含氧19.5%以上的粉尘作业环境，防止吸入一般性粉尘，防御颗粒物（如毒烟、毒雾）等危害呼吸系统或眼面部
6	防毒面具	使佩戴者呼吸器官与周围大气隔离，由肺部控制或借助机械力通过导气管引入清洁空气供人体呼吸
7	空气呼吸器	防止吸入对人体有害的毒气、烟雾、悬浮于空气中的有害污染物或在缺氧环境中使用
8	自救器	体积小、携带轻便，供矿工个人短时间内使用。当煤矿井下发生事故时，矿工佩戴它可以通过充满有害气体的井巷，迅速离开灾区
9	防水护目镜	在水中使用，防御水对眼部的伤害
10	防冲击护目镜	防御铁屑、灰砂、碎石等物体飞溅对眼部产生的伤害
11	防微波护目镜	屏蔽或衰减微波辐射，防御对眼部的微波伤害
12	防放射性护目镜	防御X射线、Y射线、电子流等电离辐射物质对眼部的伤害
13	防强光、紫外线、红外线护目镜或面罩	防止可见光、红外线、紫外线中的一种或几种对眼面的伤害
14	防激光护目镜	以反射、吸收、光化等作用衰减或消除激光对人眼的危害
15	焊接面罩	防御有害弧光、熔融金属飞溅或粉尘等有害因素对眼睛、面部（含颈部）的伤害
16	防腐蚀液护目镜	防御酸、碱等有腐蚀性化学液体飞溅对人眼产生的伤害
17	太阳镜	阻挡强烈的日光及紫外线，防止刺眼光线及眩目光线，提高视觉清晰度
18	耳塞	防护暴露在强噪声环境中工作人员的听力受到损伤
19	耳罩	适用于暴露在强噪声环境中的工作人员，保护听觉，避免噪声过度刺激，不适宜戴耳塞时使用
20	防寒手套	防止手部冻伤

续表

序号	防护用品品类	防护性能说明
21	防化学品手套	具有防毒性能，防御有毒物质伤害手部
22	防微生物手套	防御微生物伤害手部
23	防静电手套	防止静电积聚引起的伤害
24	焊接手套	防御焊接作业的火花、熔融金属、高温金属、高温辐射对手部的伤害
25	防放射性手套	具有防放射性能，防御手部免受放射性伤害
26	耐酸碱手套	用于接触酸（碱）时戴用，也适用于农、林、牧、渔各行业一般操作时戴用
27	耐油手套	保护手部皮肤避免受油脂类物质的刺激
28	防昆虫手套	防止手部遭受昆虫叮咬
29	防振手套	具有衰减振动性能，保护手部免受振动伤害
30	防机械伤害手套	保护手部免受磨损、切割、刺穿等机械伤害
31	绝缘手套	使作业人员的手部与带电物体绝缘，免受电流伤害
32	防水胶靴	防水、防滑和耐磨，适合工矿企业职工穿用的胶靴
33	防寒鞋	鞋体结构与材料都具有防寒保暖作用，防止脚部冻伤
34	隔热阻燃鞋	防御高温、熔融金属火花和明火等伤害
35	防静电鞋	鞋底采用静电材料，能及时消除人体静电积累
36	防化学品鞋（靴）	在有酸、碱及相关化学品作业中穿用，用各种材料或者复合型材料做成，保护脚或腿防止化学飞溅所带来的伤害
37	耐油鞋	防止油污污染，适合脚部接触油类的作业人员
38	防振鞋	衰减振动，防御振动伤害
39	防砸鞋（靴）	保护足趾免受冲击或挤压伤害
40	防滑鞋	防止滑倒，用于登高或在油渍、钢板、冰上等湿滑地面上行走
41	防刺穿鞋	矿上、消防、工厂、建筑、林业等部门使用的防足底刺伤
42	绝缘鞋	在电气设备上工作时作为辅助安全用具，防触电伤害
43	耐酸碱鞋	用于涉及酸、碱的作业，防止酸、碱对足部造成伤害
44	矿工靴	保护矿工在井下免受足部伤害
45	焊接防护鞋	防御焊接作业的火花、熔融金属、高温金属、高温辐射对足部的伤害
46	一般防护服	以织物为面料，采用缝制工艺制作的，起一般性防护作用
47	防尘服	透气（湿）性织物或材料制成的防止一般性粉尘对皮肤的伤害，能防止静电积聚
48	防水服	以防水橡胶涂覆织物为面料防御水透过和漏入
49	水上作业服	防止落水沉溺，便于救助
50	潜水服	用于潜水作业

续表

序号	防护用品品类	防护性能说明
51	防寒服	具有保暖性能，用于冬季室外作业职工或常年低温环境作业职工的防寒
52	化学品防护服	防止危险化学品的飞溅和与人体接触对人体造成的危害
53	阻燃防护服	用于作业人员从事有明火、散发火花、在熔融金属附近操作有辐射热和对流热的场合以及在有易燃物质并有着火危险的场所穿用，在接触火焰及炽热物体后，一定时间内能阻止本身被点燃、有焰燃烧和阴燃
54	防静电服	能及时消除本身静电积聚危害，用于可能引发电击、火灾及爆炸危险场所穿用
55	焊接防护服	用于焊接作业，防止作业人员遭受熔融金属飞溅及其热伤害
56	白帆布类隔热服	防止一般性热辐射伤害
57	镀反射膜类隔热服	防止高热物质接触或强烈热辐射伤害
58	热防护服	防御高温、高热、高湿度
59	防放射性服	具有防放射性性能
60	防酸（碱）服	用于从事酸（碱）作业人员穿用，具有防酸（碱）性能
61	防油服	防御油污污染
62	救生衣（圈）	防止落水沉溺，便于救助
63	带电作业屏蔽服	在10～500千伏电气设备上进行带电作业时，防护人体免受高压电场及电磁波的影响
64	绝缘服	可防7000伏以下高电压，用于带电作业时的身体防护
65	防电弧服	碰到电弧爆炸或火焰的状况下，服装面料纤维会膨胀变厚，关闭布面的空隙，将人体与热隔绝并增加能源防护屏障，以致将伤害程度减至最低
66	棉布工作服	有烧伤危险时穿用，防止烧伤伤害
67	安全带	用于高处作业、攀登及悬吊作业，保护对象为体重及负重之和最大100千克的使用者。可减小从高处坠落时产生的冲击力，防止坠落者与地面或其他障碍物碰撞，有效控制整个坠落距离
68	安全网	用来防止人、物坠落，或用来避免、减轻坠落物及物击伤害
69	劳动护肤剂	涂抹在皮肤上，能阻隔有害因素
70	普通防护装备	普通防护服、普通工作帽、普通工作鞋、劳动防护手套、雨衣、普通胶靴
71	其他零星防护用品如披肩帽、鞋罩、围裙、套袖等	防尘、阻燃、防酸、防碱等
72	多功能防护装备	同时具有多种防护功能的防护用品

4.2.3 如何合理选用防护用品

（1）了解作业类别及主要危险特征。企业要合理地选用防护用品，就必须对本企业的作业类别及主要危险有一个充分的认识，以便有针对性地来配备适用的防护用品，具体如表4-9所示。

表4-9 作业类别及主要危险特征举例

序号	作业类别	说明	可能造成的事故类型	举例
1	存在物体坠落、撞击的作业	物体坠落或横向上可能有物体相撞的作业	物体打击与碰撞	建筑安装、桥梁建设、采矿、钻探、造船、起重、森林采伐
2	有碎屑飞溅的作业	加工过程中可能有切削飞溅的作业		破碎、锤击、铸件切削、砂轮打磨、高压流体
3	操作转动机械作业	机械设备运行中引起的绞、碾等伤害的作业	机械伤害	机床、传动机械
4	接触锋利器具作业	生产中使用的生产工具或加工产品易对操作者产生割伤、刺伤等伤害的作业		金属加工的打毛清边、玻璃装配与加工
5	地面存在尖利器物的作业	工作平面上可能存在对工作者脚部或腿部产生刺伤伤害的作业	其他	森林作业、建筑工地
6	手持振动机械作业	生产中使用手持振动工具，直接作用于人的手臂系统的机械振动或冲击作业	机械伤害	风钻、风铲、油锯
7	人承受全身振动的作业	承受振动或处于不易忍受的振动环境中的作业		田间机械作业驾驶、林业作业
8	铲、装、吊、推机械操作作业	各类活动范围较小的重型采掘、建筑、装载起重设备的操作与驾驶作业	其他运输工具伤害	操作铲机、推土机、装卸机、天车、龙门吊、塔吊、单臂起重机等机械
9	低压带电作业	额定电压小于1千伏的带电操作作业	电流伤害	低压设备或低压线带电维修
10	高压带电作业	额定电压大于或等于1千伏的带电操作作业		高压设备或高压线路带电维修
11	高温作业	在生产劳动过程中，其工作地点平均WBGT指数等于或大于25℃的作业，如热的液体、气体对人体的烫伤，热的固体与人体接触引起的灼伤，火焰对人体的烧伤以及炽热源的热辐射对人体的伤害	热烧灼	熔炼、浇注、热轧、锻造、炉窑作业
12	易燃易爆场所作业	易燃易爆品失去控制地燃烧引发火灾	火灾	接触火工材料、易挥发易燃的液体及化学品、可燃性气体的作业，如汽油、甲烷等

序号	作业类别	说明	可能造成的事故类型	举例
13	可燃性粉尘场所作业	工作场所中存有常温、常压下可燃固体物质粉尘的作业	化学爆炸	接触可燃性化学粉尘的作业，如铝镁粉等
14	高处作业	坠落高度基准面大于2米的作业	坠落	室外建筑安装、架线、高崖作业、货物堆砌
15	井下作业	存在矿山工作面、巷道侧壁的支护不当、压力过大造成的坍塌或顶板坍塌，以及高势能水意外流向低势能区域的作业	冒顶片帮、透水	井下采掘、运输、安装
16	地下作业	进行地下管网的铺设及地下挖掘的作业		地下开拓建筑安装
17	水上作业	有落水危险的水上作业	影响呼吸	水上作业平台、水上运输、木材水运、水产养殖与捕捞
18	潜水作业	需潜入水面以下的作业		水下采集、救捞、水下养殖、水下勘查、水下建造、焊接与切割
19	吸入性气相毒物作业	工作场所中存有常温、常压下呈气体或蒸汽状态，经呼吸道吸入能产生毒害物质的作业	毒物伤害	接触氯气、一氧化碳、硫化氢、氯乙烯、光气、汞的作业
20	密闭场所作业	在空气不流通的场所中作业，包括在缺氧即空气中含氧浓度小于18%和毒气、有毒气溶胶超过标准并不能排除等场所中作业	影响呼吸	密闭的罐体、房仓、孔道或排水系统、炉窑、存放耗氧器具或生物体进行耗氧过程的密闭空间
21	吸入性气溶胶毒物作业	工作场所中存有常温、常压下呈气溶胶状态，经呼吸道吸入能产生毒害物质的作业		接触铝、铬、铍、锰、镉等有毒金属及其化合物的烟雾和粉尘、沥青烟雾、硅尘、石棉尘及其他有害的动（植）物性粉尘的作业
22	沾染性毒物作业	工作场所中存有能黏附于皮肤、衣物上，经皮肤吸收产生伤害或对皮肤产生毒害物质的作业	毒物伤害	接触有机磷农药、有机汞化合物、苯和苯的二及三硝基化合物、放射性物质的作业
23	生物性毒物作业	工作场所中有感染或吸收生物毒素危险的作业		有毒性动植物养殖、生物毒素培养制剂、带菌或含有生物毒素的制品加工处理、腐烂物品处理、防疫检验
24	噪声作业	声级大于85分贝的环境中的作业	其他	风钻、气锤、铆接、钢筒内的敲击或铲锈

序号	作业类别	说明	可能造成的事故类型	举例
25	强光作业	强光源或产生强烈红外辐射和紫外辐射的作业	辐射伤害	弧光、电弧焊、炉窑作业
26	激光作业	激光发射与加工的作业		激光加工金属、激光焊接、激光测量、激光通信
27	荧光屏作业	长期从事荧光屏操作与识别的作业		电脑操作、电视机调试
28	微波作业	微波发射与使用的作业		微波机调试、微波发射、微波加工与利用
29	射线作业	产生电离辐射的、辐射剂量超过标准的作业		放射性矿物的开采、选矿、冶炼、加工、核废料或核事故处理、放射性物质使用、X射线检测
30	腐蚀性作业	产生或使用腐蚀性物质的作业	化学灼伤	二氧化硫气体净化、酸洗、化学镀膜
31	易污作业	容易污秽皮肤或衣物的作业	其他	炭黑、染色、油漆、有关的卫生工程
32	恶味作业	产生难闻气味或恶味不易清除的作业	影响呼吸	熬胶、恶臭物质处理与加工
33	低温作业	在生产过程中,其工作地点平均气温等于或低于5℃的作业	影响体温调节	冰库
34	人工搬运作业	通过人力搬运,不使用机械或其他自动化设备的作业	其他	人力抬、扛、推、搬、移
35	野外作业	从事野外露天作业	影响体温调节	地质勘探、大地测量
36	涉水作业	作业中需接触大量水或须立于水中	其他	矿井、隧道、水力采掘、地质钻探、下水工程、污水处理
37	车辆驾驶作业	各类机动车辆驾驶的作业	车辆伤害	汽车驾驶
38	一般性作业	无上述作业特征的普通作业	其他	自动化控制、缝纫、工作台上手工胶合与包装、精细装配与加工
39	其他作业	1~38以外的作业		

实际工作中涉及多项作业特征的,为综合性作业。

(2)合理选用个人使用的职业病防护用品。任何企业都应根据作业类别及作业中接触有害因素的种类,来合理选用个人使用的职业病防护装备。具体说明如表4-10所示。

表4-10　个体防护装备的选用

序号	作业类别名称		可以使用的防护用品	建议使用的防护用品
1	存在物体坠落、撞击的作业		（1）安全帽 （2）防砸鞋（靴） （3）防刺穿鞋 （4）安全网	防滑鞋
2	有碎屑飞溅的作业		（1）安全帽 （2）防冲击护目镜 （3）一般防护服	防机械伤害手套
3	操作转动机械作业		（1）工作帽 （2）防冲击护目镜 （3）其他零星防护用品	
4	接触锋利器具作业		（1）防机械伤害手套 （2）一般防护服	（1）安全帽 （2）防砸鞋（靴） （3）防刺穿鞋
5	地面存在尖利器物的作业		防刺穿鞋	安全帽
6	手持振动机械作业		（1）耳塞 （2）耳罩 （3）防振手套	防振鞋
7	人承受全身振动的作业		防振鞋	
8	铲、装、吊、推机械操作作业		（1）安全帽 （2）一般防护服	（1）防尘口罩（防颗粒物呼吸器） （2）防冲击护目镜
9	低压带电作业（1千伏以下）		（1）绝缘手套 （2）绝缘鞋 （3）绝缘服	（1）安全帽(带电绝缘性能) （2）防冲击护目镜
10	高压带电作业	在1～10千伏带电设备上进行作业时	（1）安全帽（带电绝缘性能） （2）绝缘手套 （3）绝缘鞋 （4）绝缘服	（1）防冲击护目镜 （2）带电作业屏蔽服 （3）防电弧服
		在10～500千伏带电设备上进行作业时	带电作业屏蔽服	防强光、紫外线、红外线护目镜或面罩
11	高温作业		（1）安全帽 （2）防强光、紫外线、红外线护目镜或面罩 （3）隔热阻燃鞋 （4）白帆布类隔热服 （5）热防护服	（1）镀反射膜类隔热服 （2）其他零星防护用品

序号	作业类别名称	可以使用的防护用品	建议使用的防护用品
12	易燃易爆场所作业	（1）防静电手套 （2）防静电鞋 （3）化学品防护服 （4）阻燃防护服 （5）防静电服 （6）棉布工作服	（1）防尘口罩（防颗粒物呼吸器） （2）防毒面具 （3）防尘服
13	可燃性粉尘场所作业	（1）防尘口罩(防颗粒物呼吸器) （2）防静电手套 （3）防静电鞋 （4）防静电服 （5）棉布工作服	（1）防尘服 （2）阻燃防护服
14	高处作业	（1）安全帽 （2）安全带 （3）安全网	防滑鞋
15	井下作业	（1）安全帽	
16	地下作业	（2）防尘口罩(防颗粒物呼吸器) （3）防毒面具 （4）自救器 （5）耳塞 （6）防静电手套 （7）防振手套 （8）防水胶靴 （9）防砸鞋（靴） （10）防滑鞋 （11）矿工靴 （12）防水服 （13）阻燃防护服	（1）耳罩 （2）防刺穿鞋
17	水上作业	（1）防水胶靴 （2）水上作业服 （3）救生衣（圈）	防水服
18	潜水作业	潜水服	
19	吸入性气相毒物作业	（1）防毒面具 （2）防化学品手套 （3）化学品防护服	劳动护肤剂
20	密闭场所作业	（1）防毒面具（供气或携气） （2）防化学品手套 （3）化学品防护服	（1）空气呼吸器 （2）劳动护肤剂
21	吸入性气溶胶毒物作业	（1）工作帽 （2）防毒面具 （3）防化学品手套 （4）化学品防护服	（1）防尘口罩（防颗粒物呼吸器） （2）劳动护肤剂

续表

序号	作业类别名称	可以使用的防护用品	建议使用的防护用品
22	沾染性毒物作业	（1）工作帽 （2）防毒面具 （3）防腐蚀液护目镜 （4）防化学品手套 （5）化学品防护服	（1）防尘口罩（防颗粒物呼吸器） （2）劳动护肤剂
23	生物性毒物作业	（1）工作帽 （2）防尘口罩（防颗粒物呼吸器） （3）防腐蚀液护目镜 （4）防微生物手套 （5）化学品防护服	劳动护肤剂
24	噪声作业	耳塞	耳罩

 **特别提示**

　　企业应针对防护要求，正确选择性能符合要求的装备，绝不能错用或将就使用，特别是不能以净化式呼吸防护器随意代替供气式呼吸防护器，以免发生事故。

　　（3）购置防护用品要求。企业在购置防护用品产品时，为保证防护用品的质量和防护用品符合国家标准和卫生要求，购置防护用品的产品应当包含下列内容。

　　①产品名称、型号。

　　②生产企业名称及地址。

　　③合格证和使用说明书，使用说明书应当同时载明防护性能、适应对象、使用方法及注意事项。

　　④效果检测报告。检测单位应当具有国家有关部门的检测资质，检测内容应当有检测依据及防护效果的结论。

　　企业不准使用没有生产企业、没有产品名称、没有资质服务机构效果检测报告的防护用品产品。

4.2.4　制订个人职业病防护用品计划并组织实施

　　企业应建立个人职业病防护用品配备制度，并制订个人职业病防护用品配备计划，明确经费来源、防护用品的技术指标、更换周期等。根据工种台账、按工种存在的职业病危害因素及水平配备相应的个人职业病防护用品。个人职业病防护用品应保证安全有效，符合职业病危害个人职业病防护用品的标准，并应建立相应的制度，责任到位，有人负责，定期检查、维修，及时更换超过有效期的用品，确保劳动者持有并会使用及维护。下面是某企业的个人防护用品配备规定，仅供读者参考。

范本4.01

个人防护用品配备规定

1. 目的

使个人防护用品（PPE，Personal Protective Equipment）配备有所遵循，以保护员工在生产作业中的安全与健康。

2. 适用范围

适用于各公司在建设（特别是营建过程的每项工作）、维护保养及对承揽商的管控过程。

3. 定义和解释

3.1 个人防护用品（PPE）：指员工在工作过程中为免遭或减轻事故伤害或职业危害所配备的个人随身穿（佩）戴的防护装备。

3.2 个人防护用品共分九大类，主要有头部防护用品、眼（面部）防护用品、呼吸器官防护用品、听觉器官防护用品、手部防护用品、躯干防护用品、足部防护用品、护肤用品、防坠落及其他防护用品。

3.3 常用个人防护用品有：工作服、安全帽、防护眼镜、防护面罩、安全鞋、安全带、耳塞、耳罩、防尘口罩、防毒面罩、化学手套、隔热手套、空气呼吸器等。

3.4 安全帽颜色分配：建议尽量依操作生产、行政管理、参访人员、承包商安全帽颜色分类，以便于人员之区分和管理。

4. 配备规定

4.1 个人防护用品配备之原则

4.1.1 应依据各自的生产作业防护特点，给员工配备必需的、合适的个人防护用品，以保护员工生命安全和职业健康。

4.1.2 应根据岗位工种危害辨识，运用风险评估方法，参考《个体防护装备选用规范》（GB/T 11651—2008），确定各岗位员工需配备的个人防护用品种类。

4.1.3 头部防护用品，应当发给在操作中头部需要防物体打击、防发辫绞碾、防烫、防尘、防晒的工人，并按照需要分别发给安全帽、女工帽、工作帽和太阳帽。

4.1.4 眼（面部）防护用品

（1）防护面罩，应当供给面部有烧灼危险、喷溅、砂、强光伤害的工人。

（2）防护眼镜，应当发给对眼部有伤害危险的工人（防冲击、防烟雾、防粉尘、防溅、防毒、防强光、防射线、防电磁辐射）。

4.1.5 呼吸器官防护用品

（1）防毒（有机气体）面罩/口罩，应当发给有吸入毒气危险的工人。

（2）防尘口罩，应当发给从事粉尘作业的工人。

（3）防酸口罩，应当发给有吸入酸碱气体危险的工人。

（4）空气呼吸器，应当发给有缺氧或有毒气危险的工人。

4.1.6 听觉器官防护用品，包括耳塞、耳罩，应根据作业场所噪声的强度和频率，为作业人员配备。

4.1.7 手部防护用品，包括帆布、纱、绒、皮、橡胶、塑料、乳胶等材质制成的手套，应根据工人在作业中防割、磨、烧、烫、冻、电击、静电、腐蚀、浸水等伤害的实际需要，配备不同防护性能和材质的手套。

（1）防高温手套，应当发给在操作中易于烧手、烫手的工人。

（2）防切割手套，应当发给在操作中易于刺手和严重磨手的工人。

（3）绝缘手套，应当供给从事带电作业的工人。

（4）胶手套，应当供给用手直接接触腐蚀性液体和有毒有害物质的工人。

4.1.8 躯干防护用品（工作服），应当供给如下作业员工

（1）有强烈辐射热或烧灼危险的岗位，如隔热服、焊接服、阻燃服等。

（2）有刺割、绞碾危险或严重磨损而可能引起外伤的岗位，如普通长袖工作服、帆布工作套服、牛仔布工作套服、棉布套服等。

（3）接触有毒、有放射性物质，对皮肤有感染的岗位，如橡胶防毒连体衣、围裙、大褂等。

（4）接触有腐蚀性物质或特别肮脏的岗位，如围裙、耐酸碱防护服、长袖棉工作服、连体衣、帆布工作套服、牛仔布工作套服等。

（5）需要在露天、野外冒雨作业的工人，如夹胶工作服、雨衣。

（6）肩垫、围裙、袖套等，应当分别发给在操作中肩、腹部、躯干、手臂、腿等部位需要防护的工人。

4.1.9 足部防护用品，应当发给在作业中足部需要防烫、防刺割、防砸、防触电、防水或防腐蚀的工人，并按照需要分别发给防高温鞋、防刺穿安全鞋、防砸安全鞋、绝缘鞋、防滑鞋、耐酸碱安全鞋或安全雨鞋。

4.1.10 防坠落防护用品：作业基准面超过2米（含）以上的高处作业有坠落风险的应设置人员防坠落保护装置，如发给工人安全带（含速差式自控器与缓冲器）或设置护栏、脚手架及安全网等。

4.2 个人防护用品配备标准

以下标准为最低之穿戴要求，各公司得视相关岗位制程特性，自定更高之要求。

如公司经过风险评估，判定某些生产场所配备标准可低于以下标准者，应将评估结果报备集团总管理处。

4.2.1 所有进入厂区之员工、承揽商及来宾均须至少穿着以下防护用品。

（1）安全帽。

（2）安全鞋。

• 员工上下班走人行道，可不穿着安全帽和安全鞋。

• 来宾如有工厂人员陪同，且确定不进入生产区者可不穿安全鞋。

• 中控室、值班室、办公室、会议场所内可不穿戴安全帽、安全鞋。

4.2.2 除4.2.1条规定外，所有进入聚酯制程区、PTA制程区、TA制程区、DOW制程

区、公用制程区、热电区、PX制程区着装要求如下。

（1）随身携带安全眼镜于标示应穿戴处穿戴（进入TA区应穿戴化学护目镜）。

（2）随身携带耳塞（耳罩）于标示应穿戴处穿戴。

（3）长袖上衣及长裤（易燃、易爆、烧灼和有静电发生场所作业的，严禁使用化纤防护品）。

• 穿戴化学护目镜时不需再穿戴安全眼镜，应穿戴好化学护目镜后再戴上安全帽，以防止随安全帽一起脱落之可能。

4.2.3 高噪声场所作业。高噪声场作业者，如空压机房、高噪声输送等高于85分贝的作业场所；使用动力工具会产生极大噪声者，如气动扳手、土木电动打碎机、油漆除锈气动工具等，必须穿戴。

（1）耳塞。

（2）耳罩（90分贝以上噪声时穿戴）。

4.2.4 作业基准面超过2米（含）以上的高处作业有坠落风险的。

（1）安全带。

（2）安全网。

• 建筑、桥梁、工业安装等高处作业场所必须按规定架设安全网，作业人员根据不同的作业条件合理选用和佩戴相应种类的安全带。

4.2.5 酸、碱操作。例如：盐酸、硫酸、醋酸、碱液、冷凝水用药等具酸碱腐蚀性之收卸料、采样。

（1）化学护目镜。

（2）防护面罩。

（3）化学手套。

（4）胶皮防护裙。

（5）随身携带，必要时穿戴防酸口罩。

4.2.6 酸泄漏处理

（1）化学护目镜。

（2）防护面罩。

（3）空气呼吸器可替代化学护目镜及防护面罩。

（4）化学手套。

（5）化学防护衣、裤。

（6）安全雨鞋。

4.2.7 碱泄漏处理

（1）化学护目镜。

（2）防护面罩。

（3）化学手套。

（4）化学防护衣、裤。

（5）安全雨鞋。

4.2.8 取样/排放—TA粉/PTA粉/切屑粉尘

（1）化学护目镜。

（2）防尘口罩。

（3）耐热手套。

（4）随身携带，必要时穿戴防酸防尘口罩。

4.2.9 取样/排放—高温物质（蒸汽凝水、水蒸气、酯化物、熔体、道生DOW等）

（1）化学护目镜。

（2）防护面罩。

（3）耐热手套或化学手套。

（4）胶皮防护裙。

（5）安全雨鞋。

4.2.10 Silo量测（TA/PTA）

（1）化学护目镜。

（2）防尘口罩。

（3）随身携带，必要时穿戴防有机气体口罩。

4.2.11 分子筛装卸

（1）化学护目镜。

（2）防有机气体口罩。

（3）安全雨鞋。

（4）随身携带，必要时穿戴安全带。

4.2.12 散装车装料

（1）防尘口罩。

（2）随身携带，必要时穿戴化学护目镜。

4.2.13 高温物质泄漏修理

（1）化学护目镜。

（2）防护面罩。

（3）耐热手套。

（4）安全雨鞋。

4.2.14 焊接工作

（1）电焊面罩。

（2）电焊手套。

（3）焊接防护服。

4.2.15 研磨工作

（1）防护面罩。

（2）防尘口罩。

4.2.16 保温工作

（1）防尘口罩。

（2）防护手套。

4.2.17 油漆工作

（1）防有机气体口罩。

（2）防护手套。

4.2.18 粉尘设备修理（含集尘器清理）

（1）防尘口罩。

（2）随身携带，必要时穿戴化学护目镜。

4.2.19 放射线监测及放射仪器检查修护

（1）个人剂量计。

4.2.20 带电作业

（1）防护面罩。

（2）绝缘手套。

（3）电绝缘鞋。

• 绝缘手套和绝缘鞋除按产品使用说明定期更换外，还应做到每次使用前做绝缘性能的检查和每半年做一次绝缘性能复测。

4.2.21 有机溶剂清洗

（1）化学护目镜。

（2）防毒护具。

（3）化学手套。

（4）胶皮防护裙。

• 防毒护具的发放应根据作业人员可能接触毒物的种类，准确地选择相应的滤毒罐（盒），每次使用前应仔细检查是否有效，并按国家标准规定，定时更换滤毒罐（盒）。

4.2.22 化验室内从事化验工作

（1）大褂。

（2）安全眼镜。

（3）安全鞋。

4.2.23 化验室强酸、强碱操作作业

（1）化学护目镜。

（2）防酸口罩。

（3）化学手套。

（4）胶皮防护裙。

4.2.24 化验室有机溶剂操作作业

（1）化学护目镜。

（2）防有机气体口罩。

（3）化学手套。

（4）胶皮防护裙。

4.2.25 化验室高温炉操作作业

（1）耐热手套。

4.2.26 化学品配制

（1）化学护目镜。

（2）防护面罩。

（3）化学手套。

（4）防护裙。

（5）随身携带，必要时穿戴防有机气体口罩。

4.2.27 化验室PTA回收清理作业

（1）防尘口罩。

• 纱布口罩不得作防尘口罩使用。

4.3 个人防护用品采购之要求

集团采购的个人防护用品必须具有安全生产许可证、产品合格证和安全鉴定证。绝缘手套、安全帽、安全带、防坠器、安全网等直接关系人身安全的个人防护用品，经国家指定的监督检验部门按标准进行鉴定。

4.4 个人防护用品验收、发放、保管、使用、更换、回收、报废管理规定

4.4.1 各公司应当建立、健全个人防护用品的验收、发放、保管、使用、更换、回收、报废等管理制度。

4.4.2 各公司应善尽督导之责，指导、督促员工正确使用个人防护用品，防止不当使用、超期使用、带病使用。

4.4.3 个人防护用品的使用更换以不失去保护功能为原则，如未到使用期限但因使用而损坏并且不能修复，失去了防护功能的，应以旧换新。

4.4.4 各公司个人防护用品要建立档案卡，共用防护用品须指定专人保管维护，宣导爱惜使用，妥善保管。个人防护用品应定置存放，存放地点宜配备干燥通风的支架、专用柜橱或专用工具箱。除工作服外非经允许个人防护用品禁止擅自带回家，以免丢失。

4.4.5 个人防护用品保管时应确保不曝晒、不受潮，保持清洁、摆放整齐，避免磨损、碰撞、接触高温、明火和酸碱类化学物质污染，以及接触有锐角的坚硬物体和化学药品等。

4.5 其他规定

4.5.1 在生产设备受损或失效时，有毒有害气体可能泄漏的作业场所，除对作业人员配备常规个人防护用品外，还应在中控室放置必需的防毒护具，以备逃生、抢救时应急使用，还应有专人和专门措施，保证其处于良好待用状态。

4.5.2 从事多种作业或在多种劳动环境中作业的人员，应按其主要作业的工种和劳动环境配备个人防护用品。如配备的个人防护用品在从事其他工种作业时或在其他劳动环境中确实不能适用的，应另配或借用所需的其他个人防护用品。

4.5.3 本规定中未列入的工种岗位、行业以及个别需要提高或增发某种防护用品的，各公司应根据实际情况给予配备，并报备总管理处备案。

4.5.4 考虑到个人防护用品在各公司使用时，可能会有不同的作业环境、不同的实际工作时间和不同的劳动强度，以及各公司所处地区的气候环境的差异，本规定不对个人防护用品的使用期限作具体规定，由各公司根据实际情况规定使用期限。

4.2.5 按标准配备个人职业病防护用品

个人职业病防护用品是指劳动者在职业活动中个人随身穿（佩）戴的特殊用品。如果职业病危害隐患没有消除，职业病防护设施达不到防护效果，作为最后一道防线，劳动者就应佩戴个人职业病防护用品，以消除或减轻职业病危害因素对健康的影响，如防护帽、防护服、防护手套、防护眼镜、防护口（面）罩、防护耳罩（塞）、呼吸防护器和皮肤防护用品等。

企业应根据工作场所的职业病危害因素的种类、对人体的影响途径以及现场生产条件、职业病危害因素的水平以及个人的生理和健康状况等特点，为劳动者配备适宜的个人职业病防护用品。

所使用的个人职业病防护用品应是由有生产个人职业病防护用品资质的厂家生产的符合国家或行业标准的产品。有关个人职业病防护用品的配备、选用标准参见有关国家标准，技术参数和防护效率应达到要求。

4.2.6 建立防护用品责任制

企业应当建立防护用品管理责任制，并采取下列管理措施。
（1）设置防护设施用品机构或者组织，配备专（兼）职防护用品管理员。
（2）制定并实施防护用品管理规章制度。
（3）定期对防护用品的使用情况进行检查，督促劳动者正确使用好防护用品。

4.2.7 加强对使用人员的教育和训练

企业对使用个体防护装备者应加强教育，使之充分了解使用的目的和意义，认真使用。对于结构和使用方法较为复杂的装备如呼吸防护器，进行反复训练，使使用者能迅速正确地戴上、卸下和使用，逐渐习惯呼吸防护器和阻力。又如用于紧急救灾时的呼吸防护器，要定期严格检查，并妥善地存放在可能发生事故的邻近地点，便于及时取用；对内盛过氧化物的供气罐，企业要教育使用者不能在易燃易爆的环境下使用。

4.2.8 防护用品的发放管理

（1）企业应建立个人职业病防护用品发放登记制度。
（2）企业应当与劳动者签订防护用品使用责任书。
（3）企业应建立个人防护装备发放站或设专人负责管理，其职责为发放清洁有效的防护用品。
（4）企业在发放个人职业病防护用品时应做相应的记录，包括发放时间、工种，个人职业病防护用品名称、数量、领用人或代领人签字等内容，如表4-11所示。

表4-11 个人使用的职业病危害防护用品发放登记

发放日期	个人防护用品名称	生产厂家	规格/型号	作业区/工段	工种/岗位	数量	单位/（个/套/付）	更换周期	备注

注：1. 防护用品名称应填全。

2. 更换周期是指多长时间发放一次或更换一次。

4.2.9 防护用品的维护保养

妥善的维护保养不但可延长防护用品的使用期限，更重要的是能保证用品的防护效用。如对有机玻璃面罩应避免划痕变毛；铁纱面罩应放置于干燥处以防生锈；铝箔服和面罩应保持表面洁净，不致减弱反射防热作用，耳塞、口罩、面具用后应以肥皂清水洗净并以药液消毒，晾干；净化呼吸器的滤料要定期处理和更换，药罐在不用时，应将通路封塞，以防失效；用于防止皮肤受污染及经皮肤被吸收的防毒工作服，用后应立即集中洗涤等。

企业应对个人职业病防护用品进行经常性的维护、检修，定期检测其性能和效果，确保其安全有效，并不得擅自让劳动者停止使用。

劳动者在发生事故使用个人职业病防护用品后，也应及时维修，如果发生损坏时，应及时更换，防止发生意外事故。

第**5**章
职业健康监护

职业健康监护是能够发现早期健康损害并且采取防护或者治疗的重要措施。

本章导视

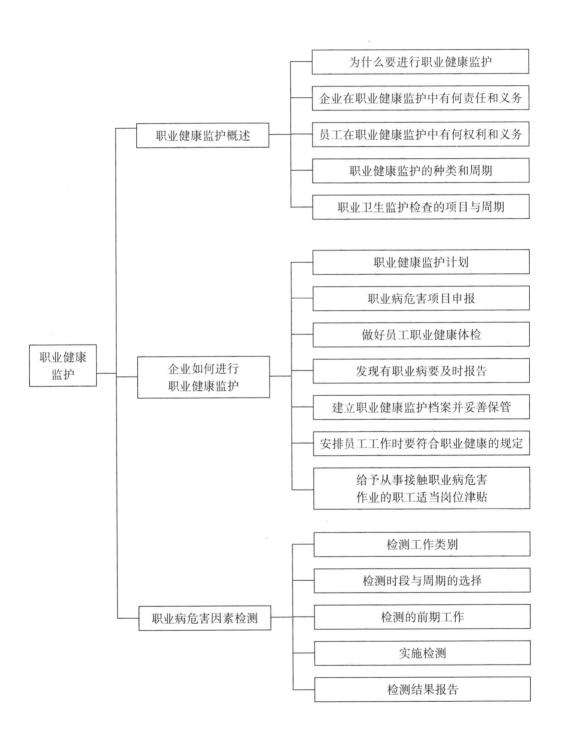

职业健康监护

职业健康监护概述
- 为什么要进行职业健康监护
- 企业在职业健康监护中有何责任和义务
- 员工在职业健康监护中有何权利和义务
- 职业健康监护的种类和周期
- 职业卫生监护检查的项目与周期

企业如何进行职业健康监护
- 职业健康监护计划
- 职业病危害项目申报
- 做好员工职业健康体检
- 发现有职业病要及时报告
- 建立职业健康监护档案并妥善保管
- 安排员工工作时要符合职业健康的规定
- 给予从事接触职业病危害作业的职工适当岗位津贴

职业病危害因素检测
- 检测工作类别
- 检测时段与周期的选择
- 检测的前期工作
- 实施检测
- 检测结果报告

5.1 职业健康监护概述

5.1.1 为什么要进行职业健康监护。

进行职业健康监护对企业和劳动者有以下益处。

（1）早期发现职业病、职业健康损害和职业禁忌证。

（2）跟踪观察职业病及职业健康损害的发生、发展规律及分布情况。

（3）评价职业健康损害与作业环境中职业病危害因素的关系及危害程度。

（4）识别新的职业病危害因素和高危人群。

（5）进行目标干预，包括改善作业环境条件、改革生产工艺、配备有效的防护设施和个人防护用品、对职业病患者及疑似职业病和有职业禁忌人员进行处理与安置等。

（6）评价预防和干预措施的效果。

（7）为制定或修订卫生政策和职业病防治对策服务。

5.1.2 企业在职业健康监护中有何责任和义务

（1）对从事接触职业病危害因素作业的劳动者进行职业健康监护是企业应尽的职责。企业应根据国家有关法律、法规，结合生产劳动中存在的职业病危害因素，建立职业健康监护制度，保证劳动者能够得到与其所接触的职业病危害因素相应的健康监护。

（2）企业要建立职业健康监护档案，由专人负责管理，并按照规定的期限妥善保存，要确保医学资料的机密和维护劳动者的职业健康隐私权、保密权。

（3）企业应保证从事职业病危害因素作业的劳动者能按时参加安排的职业健康检查，劳动者接受健康检查的时间应视为正常出勤。

（4）企业应安排即将从事接触职业病危害因素作业的劳动者进行上岗前的健康检查，但应保证其就业机会的公正性。

（5）企业应根据企业文化理念和企业经营情况，鼓励制定比《职业健康监护技术规范》更高级别的健康监护实施细则，以促进企业可持续发展，特别是人力资源的可持续发展。

5.1.3 员工在职业健康监护中有何权利和义务

员工在职业健康监护中有以下权利和义务。

（1）从事接触职业病危害因素作业的员工有获得职业健康检查的权利，并有权了解本人健康检查结果。

（2）员工有权了解所从事的工作对他们的健康可能产生的影响和危害。员工或其代表有权参与企业建立职业健康监护制度和制定健康监护实施细则的决策过程。员工代表和工会组织也应与职业健康专业人员合作，为预防职业病、促进员工健康发挥应有的作用。

（3）员工应学习和了解相关的职业健康知识和职业病防治法律、法规；应掌握作业操作规程，正确使用、维护职业病防护设备和个人使用的防护用品，发现职业病危害事故隐患应及时报告。

（4）员工应参加遵照《职业健康监护技术规范》指导原则、由企业安排的职业健康检查，并在其实施过程中与职业健康专业人员和企业合作。如果该健康检查项目不是国家法律法规制定的强制性进行的项目，员工参加应本着自愿的原则。

（5）员工有权对企业违反职业健康监护有关规定的行为进行投诉。

（6）员工若不同意职业健康检查的结论，有权根据有关规定投诉。

5.1.4 职业健康监护的种类和周期

职业健康检查分为上岗前职业健康检查、在岗期间职业健康检查和离岗时职业健康检查。

（1）上岗前职业健康检查。上岗前健康检查的主要目的是发现有无职业禁忌证，建立接触职业病危害因素人员的基础健康档案。上岗前健康检查均为强制性职业健康检查，应在开始从事有害作业前完成。下列人员应进行上岗前健康检查。

①拟从事接触职业病危害因素作业的新录用人员，包括转岗到该种作业岗位的人员；

②拟从事有特殊健康要求作业的人员，如高处作业、电工作业、职业机动车驾驶作业等。

（2）在岗期间职业健康检查。长期从事规定的需要开展健康监护的职业病危害因素作业的劳动者，应进行在岗期间的定期健康检查。定期健康检查的目的主要是早期发现职业病病人或疑似职业病病人或劳动者的其他健康异常改变；及时发现有职业禁忌的劳动者；通过动态观察劳动者群体健康变化，评价工作场所职业病危害因素的控制效果。定期健康检查的周期应根据不同职业病危害因素的性质、工作场所有害因素的浓度或强度、目标疾病的潜伏期和防护措施等因素决定。

（3）离岗时职业健康检查。劳动者在准备调离或脱离所从事的职业病危害作业或岗位前，应进行离岗时健康检查，主要目的是确定其在停止接触职业病危害因素时的健康状况。如最后一次在岗期间的健康检查是在离岗前的90天内，可视为离岗时检查。

（4）离岗后健康检查。下列情况劳动者需进行离岗后的健康检查。

①劳动者接触的职业病危害因素具有慢性健康影响，所致职业病或职业肿瘤常有较长的潜伏期，故脱离接触后仍有可能发生职业病。

②离岗后健康检查时间的长短应根据有害因素致病的流行病学及临床特点、劳动者从事该作业的时间长短、工作场所有害因素的浓度等因素综合考虑确定。

（5）应急健康检查

①当发生急性职业病危害事故时，根据事故处理的要求，对遭受或者可能遭受急性职业病危害的劳动者，应及时组织健康检查。依据检查结果和现场劳动卫生学调查，确定危害因素，为急救和治疗提供依据，控制职业病危害的继续蔓延和发展。应急健康检查应在事故发生后立即开始。

② 从事可能产生职业性传染病作业的劳动者，在疫情流行期或近期密切接触传染源者，应及时开展应急健康检查，随时监测疫情动态。

5.1.5 职业卫生监护检查的项目与周期

以下根据《职业健康监护技术规范》（GBZ 188—2014）列举了职业卫生监护检查的项目与周期。

（1）接触有害化学因素作业人员职业卫生监护检查。接触有害化学因素作业人员职业卫生监护检查的项目与周期如表5-1所示。

表5-1　接触有害化学因素作业人员职业卫生监护检查的项目与周期

序号	有害因素	目标疾病
1	铅及其无机化合物	·上岗前检查。职业禁忌证为中度贫血、卟啉病、多发性周围神经病 ·在岗检查。职业病：职业性慢性铅中毒；职业禁忌证：同上岗前 检查周期为：血铅400～600微克/升，或尿铅70～120微克/升，每3个月复查血铅或尿铅1次；血铅<400微克/升，或尿铅<70微克/升，每年体检1次 ·离岗检查。职业性慢性铅中毒
2	四乙基铅	·上岗前检查。中枢神经系统器质性疾病、已确诊并仍需要医学监护的精神障碍性疾病 ·在岗检查。疾病同上岗前；检查周期为3年 ·应急检查。职业性急性四乙基铅中毒
3	汞及其无机化合物	·上岗前检查。职业禁忌证：中枢神经系统器质性疾病；已确诊并仍需要医学监护的精神障碍性疾病、慢性肾脏疾病 ·在岗检查。职业病：职业性慢性汞中毒；职业禁忌证：同上岗前 检查周期为作业场所有毒作业分级Ⅱ级及以上1年1次；作业场所有毒作业分级Ⅰ级2年1次 ·应急检查。职业性急性汞中毒 ·离岗检查。职业性慢性汞中毒
4	锰及其无机化合物	·上岗前检查。中枢神经系统器质性疾病、已确诊并仍需要医学监护的精神障碍性疾病 ·在岗检查。职业病：职业性慢性锰中毒；职业禁忌证：同上岗前。检查周期为1年 ·离岗检查。职业性慢性锰中毒
5	铍及其无机化合物	上岗前检查。活动性肺结核、慢性阻塞性肺病、支气管哮喘；慢性间质性肺病；慢性皮肤溃疡 在岗检查。职业性慢性铍病，职业性铍接触性皮炎、铍溃疡；职业禁忌证同上岗前。检查周期为1年 应急检查。职业性急性铍病 离岗检查。同"在岗期间职业健康检查"。随访10年，每2年1次

序号	有害因素	目标疾病
6	镉及其无机化合物	上岗前检查。职业禁忌证：慢性肾脏疾病、骨质疏松症 在岗检查。职业病：职业性慢性镉中毒；职业禁忌证：同上岗前，检查周期为1年 应急检查。职业性急性镉中毒，金属烟热 离岗检查。职业性慢性镉中毒
7	铬及其无机化合物	上岗前检查。职业禁忌证：慢性皮肤溃疡，萎缩性鼻炎 在岗检查。职业性铬鼻病、职业性铬溃疡、职业性铬所致皮炎、职业性铬酸盐制造业工人肺癌。检查周期为1年 离岗检查。同在岗检查 离岗后健康检查（推荐性）。职业性铬酸盐制造业工人肺癌;随访10年，每2年1次
8	氧化锌	·上岗前检查。职业禁忌证：未控制的甲状腺功能亢进症 ·在岗检查。职业禁忌证：未控制的甲状腺功能亢进症。检查周期为3年 ·应急检查。职业病：金属烟热
9	砷	·上岗前检查。职业禁忌证：慢性肝病、多发性周围神经病、严重慢性皮肤疾病 ·在岗检查。职业病：职业性慢性砷中毒、职业性砷所致肺癌、皮肤癌。职业禁忌证同上岗前。肝功能检查：每半年1次；作业场所有毒作业分级Ⅱ级及以上：1年1次；作业场所有毒作业分级Ⅰ级：2年1次 ·离岗检查。职业性慢性砷中毒，职业性砷所致肺癌、皮肤癌
10	砷化氢（砷化三氢）	·上岗前检查。职业禁忌证：慢性肾脏疾病、血清葡萄糖-6-磷酸脱氢酶缺乏症 ·在岗检查。同上岗前。周期为3年 ·应急检查。职业病：职业性急性砷化氢中毒
11	磷及其无机化合物	·上岗前检查。职业禁忌证：牙本质病变（不包括龋齿）、下颌骨疾病、慢性肝病 ·在岗检查。职业病：职业性慢性磷中毒；职业禁忌证：同上岗前。肝功能检查：每半年1次；健康检查：1年1次 ·应急检查。职业性急性磷中毒；职业性黄磷皮肤灼伤 ·离岗检查。职业性慢性磷中毒
12	磷化氢	·上岗前检查。职业禁忌证：中枢神经系统器质性疾病、支气管哮喘;慢性间质性肺病 ·在岗检查。同上岗前检查。检查周期为3年 ·应急检查。职业病：职业性急性磷化氢中毒
13	钡化合物（氯化钡、硝酸钡、醋酸钡）	·上岗前检查。职业禁忌证：钾代谢障碍、慢性器质性心脏病 ·在岗检查。同上岗前。检查周期为3年 ·应急检查。职业性急性钡中毒
14	钒及其无机化合物	·上岗前检查。职业禁忌证：慢性阻塞性肺病 ·在岗检查。同上岗前。检查周期为3年 ·应急检查。职业病：职业性急性钒中毒
15	三烷基锡	·上岗前检查。职业禁忌证：中枢神经系统器质性疾病、钾代谢障碍 ·在岗检查。同上岗前。检查周期为3年 ·应急检查。职业病：职业性急性三烷基锡中毒
16	铊及其无机化合物	·上岗前检查。职业禁忌证：多发性周围神经病、视神经病或视网膜病 ·在岗检查。职业病：职业性慢性铊中毒；职业禁忌证同上岗前。检查周期为1年1次 ·应急检查。职业性急性铊中毒 ·离岗检查。职业性慢性铊中毒

序号	有害因素	目标疾病
17	羰基镍	・上岗前检查。职业禁忌证：慢性阻塞性肺病 ・在岗检查。同上岗前。检查周期为3年 ・应急检查。职业性急性羰基镍中毒
18	氟及其无机化合物	・上岗前检查。职业禁忌证：地方性氟病、骨关节疾病 ・在岗检查。工业性氟病；职业禁忌证：同上岗前。检查周期为1年 ・离岗检查。工业性氟病
19	苯（接触工业甲苯、二甲苯参照执行）	・上岗前检查。职业禁忌证：血常规检出有如下异常者：白细胞计数低于$4×10^9$/升或中性粒细胞低于$2×10^9$/升；血小板计数低于$8×10^{10}$/升；造血系统疾病 ・在岗检查。职业病：职业性慢性苯中毒，职业性苯所致白血病；职业禁忌证：造血系统疾病。检查周期为1年 ・应急检查。职业性急性苯中毒 ・离岗检查。职业性慢性苯中毒、职业性苯所致白血病
20	二硫化碳	・上岗前检查。职业禁忌证：中枢神经系统器质性疾病、多发性周围神经病、视网膜病变 ・在岗检查。职业病：职业性慢性二硫化碳中毒；职业禁忌证：同上岗前。检查周期为1年 ・离岗检查。职业性慢性二硫化碳中毒
21	四氯化碳	・上岗前检查。职业禁忌证：慢性肝病 ・在岗检查。职业病：职业性慢性中毒性肝病；职业禁忌证：同上岗前。检查周期为肝功能检查，每半年1次，健康检查，3年1次 ・应急检查。职业性急性四氯化碳中毒 ・离岗检查。职业性中毒性肝病
22	甲醇	・上岗前检查。职业禁忌证：视网膜及视神经病、中枢神经系统器质性疾病 ・在岗检查。同上岗前；检查周期为3年 ・应急检查。职业性急性甲醇中毒
23	汽油	・上岗前检查。职业禁忌证：严重慢性皮肤疾患、多发性周围神经病 ・在岗检查。职业病：职业性慢性溶剂汽油中毒；汽油致职业性皮肤病；职业禁忌证：同上岗前。检查周期为1年 ・应急检查。职业性急性溶剂汽油中毒 ・离岗检查。职业性溶剂汽油中毒（慢性）、汽油致职业性皮肤病
24	溴甲烷	・上岗前检查。职业禁忌证：中枢神经系统器质性疾病 ・在岗检查。同上岗前；检查周期为3年 ・应急检查。职业性急性溴甲烷中毒
25	1，2-二氯乙烷	・上岗前检查。职业禁忌证：中枢神经系统器质性疾病、慢性肝病 ・在岗检查。同上岗前；检查周期为3年 ・应急检查。职业性急性1，2-二氯乙烷中毒
26	正己烷	・上岗前检查。职业禁忌证：多发性周围神经病 ・在岗检查。职业病：职业性慢性正己烷中毒；职业禁忌证：多发性周围神经病。检查周期为1年 ・离岗检查。职业性慢性正己烷中毒

序号	有害因素	目标疾病
27	苯的氨基与硝基化合物	• 上岗前检查。职业禁忌证：慢性肝病 • 在岗检查。同上岗前；检查周期为3年 • 应急检查。职业性急性苯的氨基或硝基化合物中毒
28	三硝基甲苯	• 上岗前检查。职业禁忌证：慢性肝病、白内障 • 在岗检查。职业病：职业性慢性三硝基甲苯中毒、职业性三硝基甲苯致白内障。职业禁忌证：同上岗前。检查周期为肝功能检查，每半年1次；健康检查，1年1次 • 离岗检查。职业性慢性三硝基甲苯中毒；职业性三硝基甲苯致白内障
29	联苯胺	• 上岗前检查。职业禁忌证：尿脱落细胞检查巴氏分级国际标准Ⅳ级及以上 • 在岗检查。目标病：联苯胺所致膀胱癌、职业性接触性皮炎。检查周期为1年 • 离岗检查。联苯胺所致膀胱癌、职业性接触性皮炎
30	氯气	• 上岗前检查。职业禁忌证：慢性阻塞性肺病、支气管哮喘、慢性间质性肺病 • 在岗检查。职业病：职业性刺激性化学物致慢性阻塞性肺疾病；职业禁忌证：支气管哮喘、慢性间质性肺病。检查周期为1年 • 应急检查。职业性急性氯气中毒、职业性化学性眼灼伤、职业性化学性皮肤灼伤 • 离岗检查。职业性刺激性化学物致慢性阻塞性肺疾病
31	二氧化硫	• 上岗前检查。职业禁忌证：慢性阻塞性肺病、支气管哮喘、慢性间质性肺病 • 在岗检查。职业病：职业性刺激性化学物致慢性阻塞性肺疾病；职业禁忌证：支气管哮喘、慢性间质性肺病。检查周期为1年 • 应急检查。职业性急性二氧化硫中毒、职业性化学性眼灼伤、职业性化学性皮肤灼伤 • 离岗检查。职业性刺激性化学物致慢性阻塞性肺疾病
32	氮氧化物	• 上岗前检查。职业禁忌证：慢性阻塞性肺病、支气管哮喘、慢性间质性肺病 • 在岗检查。职业病：职业性刺激性化学物致慢性阻塞性肺疾病；职业禁忌证：支气管哮喘、慢性间质性肺病。检查周期为1年 • 应急检查。职业性急性氮氧化物中毒、职业性化学性眼灼伤、职业性化学性皮肤灼伤 • 离岗检查。职业性刺激性化学物致慢性阻塞性肺疾病
33	氨	• 上岗前检查。职业禁忌证：慢性阻塞性肺病、支气管哮喘、慢性间质性肺病 • 在岗检查。职业病：职业性刺激性化学物致慢性阻塞性肺疾病；职业禁忌证：支气管哮喘、慢性间质性肺病。检查周期为1年 • 应急检查。职业性急性氨气中毒、职业性化学性眼灼伤、职业性化学性皮肤灼伤 • 离岗检查。职业性刺激性化学物致慢性阻塞性肺疾病
34	光气	• 上岗前检查。职业禁忌证：慢性阻塞性肺病、支气管哮喘、慢性间质性肺病 • 在岗检查。同上岗前；检查周期为3年 • 应急检查。职业性急性光气中毒、职业性化学性眼灼伤
35	甲醛	• 上岗前检查。职业禁忌证：慢性阻塞性肺病、支气管哮喘、慢性间质性肺病；伴有气道高反应的过敏性鼻炎 • 在岗检查。职业病：职业性哮喘、甲醛致职业性皮肤病、职业性刺激性化学物致慢性阻塞性肺疾病（见GBZ/T237）；职业禁忌证：慢性间质性肺病、伴有气道高反应的过敏性鼻炎。检查周期为1年 • 应急检查。职业性急性甲醛中毒、职业性化学性眼灼伤、甲醛致职业性皮肤病 • 离岗检查。甲醛所致职业性哮喘、职业性刺激性化学物致慢性阻塞性肺疾病

序号	有害因素	目标疾病
36	一甲胺	·上岗前检查。职业禁忌证：慢性阻塞性肺病、支气管哮喘、慢性间质性肺病 ·在岗检查。同上岗前；检查周期为3年 ·应急检查。职业性急性一甲胺中毒，职业性化学性眼灼伤，职业性化学性皮肤灼伤
37	一氧化碳	·上岗前检查。职业禁忌证：中枢神经系统器质性疾病 ·在岗检查。同上岗前；检查周期为3年 ·应急检查。职业性急性一氧化碳中毒
38	硫化氢	·上岗前检查。职业禁忌证：中枢神经系统器质性疾病 ·在岗检查。同上岗前；检查周期为3年 ·应急检查。职业性急性硫化氢中毒
39	氯乙烯	·上岗前检查。职业禁忌证：慢性肝病、类风湿关节炎 ·在岗检查。职业病：职业性慢性氯乙烯中毒、氯乙烯所致肝血管肉瘤。检查周期为肝功能检查，每半年1次；作业场所有毒作业分级Ⅱ级及以上：1年1次；作业场所有毒作业分级I级：2年1次 ·应急检查。职业性急性氯乙烯中毒 ·离岗检查。职业病：职业性慢性氯乙烯中毒、氯乙烯所致肝血管肉瘤
40	三氯乙烯	·上岗前检查。职业禁忌证：慢性肝病、过敏性皮肤病、中枢神经系统器质性疾病 ·在岗检查。职业病：职业性三氯乙烯药疹样皮炎 ·应急检查。职业性急性三氯乙烯中毒、职业性三氯乙烯药疹样皮炎
41	氯丙烯	·上岗前检查。职业禁忌证：多发性周围神经病 ·在岗检查。职业病：职业性慢性氯丙烯中毒；职业禁忌证：多发性周围神经病。检查周期为1年 ·应急检查。无 ·离岗检查。职业性慢性氯丙烯中毒
42	氯丁二烯	·上岗前检查。职业禁忌证：慢性肝病 ·在岗检查。职业性慢性氯丁二烯中毒。检查周期为肝功能检查，每半年1次、健康检查，1年1次 ·应急检查。职业性急性氯丁二烯中毒 ·离岗检查。职业性慢性氯丁二烯中毒
43	有机氟	·上岗前检查。职业禁忌证：慢性阻塞性肺病 ·在岗检查。同上岗前；检查周期为3年 ·应急检查。职业病：职业性急性有机氟中毒
44	二异氰酸甲苯酯	同"致喘物"
45	二甲基甲酰胺	·上岗前检查。职业禁忌证：慢性肝病 ·在岗检查。同上岗前检查。检查周期为：肝功能检查每半年1次；健康检查3年1次 ·应急检查。职业性急性二甲基甲酰胺中毒
46	氰及腈类化合物	·上岗前检查。职业禁忌证：中枢神经系统器质性疾病 ·在岗检查。同上岗前；检查周期为3年 ·应急检查。职业性急性氰化物中毒；职业性急性腈类化合物中毒 ·离岗检查。无

序号	有害因素	目标疾病
47	酚（酚类化合物如甲酚、邻苯二酚、间苯二酚、对苯二酚等参照执行）	·上岗前检查。职业禁忌证：慢性肾脏疾病、严重的皮肤疾病 ·在岗检查。同上岗前；检查周期为3年 ·应急检查。职业性急性酚中毒、职业性酚皮肤灼伤
48	五氯酚	·上岗前检查。职业禁忌证：未控制的甲状腺功能亢进症 ·在岗检查。同上岗前；检查周期为3年 ·应急检查。职业性急性五氯酚中毒
49	氯甲醚[双（氯甲基）醚参照执行]	·上岗前检查。职业禁忌证：慢性阻塞性肺病 ·在岗检查。职业性氯甲醚所致肺癌（见GBZ94）；职业禁忌证：同上岗前。检查周期为1年 ·离岗时检查。同在岗检查 ·离岗后检查。职业性氯甲醚所致肺癌。随访10年，每2年1次
50	丙烯酰胺	·上岗前检查。职业禁忌证：多发性周围神经病 ·在岗检查。职业病：职业性慢性丙烯酰胺中毒；职业禁忌证：同上岗前。检查周期为工作场所有毒作业分级Ⅱ级及以上：1年1次；工作场所有毒作业分级Ⅰ级：2年1次
51	偏二甲基肼	·上岗前检查。职业禁忌证：中枢神经系统器质性疾病 ·在岗检查。同上岗前；检查周期为3年 ·应急检查。职业性急性偏二甲基肼中毒
52	硫酸二甲酯	·上岗前检查。职业禁忌证：慢性阻塞性肺病、支气管哮喘 ·在岗检查。同上岗前；检查周期为3年 ·应急检查。职业性急性硫酸二甲酯中毒、职业性化学性皮肤灼伤、职业性化学性眼灼伤
53	有机磷杀虫剂	·上岗前检查。职业禁忌证：全血胆碱酯酶活性明显低于正常者、严重的皮肤疾病 ·在岗检查。同上岗前。检查周期为全血或红细胞胆碱酯酶活性测定，半年1次；健康检查，3年1次 ·应急检查。职业性急性有机磷杀虫剂中毒
54	氨基甲酸酯类杀虫剂	·上岗前检查。职业禁忌证：严重的皮肤疾病、全血胆碱酯酶活性明显低于正常者 ·在岗检查。同上岗前。检查周期为全血或红细胞胆碱酯酶活性测定，半年1次；健康检查，3年1次 ·应急检查。职业性急性氨基甲酸酯杀虫剂中毒
55	拟除虫菊酯类	·上岗前检查。职业禁忌证：严重的皮肤疾病 ·在岗检查。同上岗前；检查周期为3年 ·应急检查。职业性急性拟除虫菊酯中毒、职业性化学性眼灼伤
56	酸雾或酸酐	·上岗前检查。职业禁忌证：牙酸蚀病、慢性阻塞性肺病、支气管哮喘 ·在岗检查。职业病：职业性牙酸蚀病、职业性接触性皮炎、职业性哮喘；职业禁忌证：慢性阻塞性肺病。检查周期为2年 ·应急检查。职业性化学性眼灼伤、职业性皮肤灼伤、职业性急性化学物中毒性呼吸系统疾病 ·离岗检查。同在岗检查

序号	有害因素	目标疾病
57	致喘物	·上岗前检查。职业禁忌证、支气管哮喘、慢性阻塞性肺病、慢性间质性肺病、伴气道高反应的过敏性鼻炎 ·在岗检查。职业病：职业性哮喘。职业禁忌证：慢性阻塞性肺病、慢性间质性肺病、伴有气道高反应的过敏性鼻炎。检查周期为初次接触致喘物的前两年，每半年体检1次，2年后改为每年1次；在岗期间劳动者新发生过敏性鼻炎，每3个月体检1次，连续观察1年，1年后改为每年1次 ·离岗检查。职业性哮喘
58	焦炉逸散物	·上岗前检查。职业禁忌证：慢性阻塞性肺病 ·在岗检查。职业病：职业性焦炉逸散物所致肺癌、焦炉逸散物所致职业性皮肤病、职业禁忌证：同上岗前。检查周期为1年 ·离岗检查。职业病：职业性焦炉逸散物所致肺癌、焦炉逸散物所致职业性皮肤病

（2）粉尘作业劳动者职业健康监护检查。粉尘作业人员职业卫生监护检查的项目与周期如表5-2所示。

表5-2 粉尘作业人员职业卫生监护检查的项目与周期

序号	有害因素	目标疾病
1	游离二氧化硅粉尘[结晶型二氧化硅粉尘，又称：硅尘（游离二氧化硅含量≥10%的无机性粉尘）]	·上岗前检查。职业禁忌证：活动性肺结核病、慢性阻塞性肺病、慢性间质性肺病、伴肺功能损害的疾病 ·在岗检查。职业病：肺硅沉着症；职业禁忌证：同上岗前。检查周期为：生产性粉尘作业分级I级，2年1次；生产性粉尘作业分级Ⅱ级及以上，1年1次；X射线胸片表现为观察对象健康者每年检查1次，连续观察5年；肺硅沉着症患者原则每年检查1次，或根据病情随时检查 ·离岗检查。肺硅沉着症
2	煤尘	·上岗前检查。职业禁忌证：活动性肺结核病、慢性阻塞性肺病、慢性间质性肺病、伴肺功能损害的疾病 ·在岗检查。职业病：煤工尘肺；职业禁忌证：同上岗前。检查周期为生产性粉尘作业分级I级，3年1次；生产性粉尘作业分级Ⅱ级及以上，2年1次；X射线胸片表现为观察对象健康者每年检查1次，连续观察5年；煤工尘肺患者每1~2年检查1次，或根据病情随时检查 ·离岗检查。煤工尘肺
3	石棉粉尘	·上岗前检查。职业禁忌证：活动性肺结核病、慢性阻塞性肺病、慢性间质性肺病、伴肺功能损害的疾病 ·在岗检查。职业病：石棉肺，石棉所致肺癌、间皮瘤。职业禁忌证：同上岗前。检查周期为生产性粉尘作业分级I级，2年1次；生产性粉尘作业分级Ⅱ级及以上，1年1次；X射线胸片表现为观察对象健康者每年检查1次，连续观察5年；石棉肺患者每年检查1次，或根据病情随时检查 ·离岗检查。职业病：石棉肺，石棉所致肺癌、间皮瘤
4	其他致尘肺病的无机粉尘	·上岗前检查。职业禁忌证：活动性肺结核病、慢性阻塞性肺病、慢性间质性肺病、伴肺功能损害的疾病

序号	有害因素	目标疾病
4	其他致尘肺病的无机粉尘	・在岗检查。职业病：炭黑尘肺、石墨尘肺、滑石尘肺、云母尘肺、水泥尘肺、铸工尘肺、陶工尘肺、铝尘肺、电焊工尘肺（见GBZ70）；职业禁忌证：同上岗前。检查周期为：生产性粉尘作业分级I级，4年1次；生产性粉尘作业分级Ⅱ级及以上，2～3年1次；X射线胸片表现为观察对象健康者每年检查1次，连续观察5年；尘肺患者每1～2年进行1次医学检查，或根据病情随时检查 ・离岗检查。炭黑尘肺、石墨尘肺、滑石尘肺、云母尘肺、水泥尘肺、铸工尘肺、陶工尘肺、铝尘肺、电焊工尘肺
5	棉尘（包括亚麻、软大麻、黄麻粉尘）	・上岗前检查。职业禁忌证：活动性肺结核病、慢性阻塞性肺病、伴肺功能损害的疾病 ・在岗检查。职业病：棉尘病；职业禁忌证：同上岗前。检查周期为劳动者在开始工作的第6～12个月之间应进行1次健康检查；生产性粉尘作业分级I级，4～5年1次；生产性粉尘作业分级Ⅱ级及以上，2～3年1次、棉尘病观察对象医学观察时间为半年 ・离岗检查。棉尘病
6	有机粉尘	・上岗前检查。职业禁忌证：致喘物过敏和支气管哮喘、慢性阻塞性肺病、慢性间质性肺病、伴肺功能损害的心血管系统疾病 ・在岗检查。职业病：职业性哮喘、职业性急性变应性肺泡炎；职业禁忌证：伴肺功能损害的心血管系统疾病。检查周期为劳动者在开始工作的第6～12个月之间应进行1次健康检查；生产性粉尘作业分级I级，4～5年1次；生产性粉尘作业分级Ⅱ级及以上，2～3年1次 ・离岗检查。职业性哮喘、职业性急性变应性肺泡炎

备注：

（1）其他致尘肺病的无机粉尘：根据职业病目录，系指炭黑粉尘、石墨粉尘、滑石粉尘、云母粉尘、水泥粉尘、铸造粉尘、陶瓷粉尘、铝尘（铝、铝矾土、氧化铝）、电焊烟尘等粉尘

（2）有机粉尘：如动物性粉尘（动物蛋白、皮毛、排泄物）、植物性粉尘（燕麦、谷物、木材、纸浆、咖啡、烟草粉尘等），生物因素如霉菌属类、霉菌孢子、嗜热放线杆菌、枯草杆菌等形成的气溶胶

（3）接触有害物理因素作业人员职业卫生监护检查。接触有害物理因素作业人员职业卫生监护检查的项目与周期如表5-3所示。

表5-3　接触有害物理因素作业人员职业卫生监护检查的项目与周期

序号	有害因素	目标疾病
1	噪声	・上岗前检查。职业禁忌证：各种原因引起永久性感音神经性听力损失（500赫兹、1000赫兹和2000赫兹中任一频率的纯音气导听阈>25分贝）、高频段3000赫兹、4000赫兹、6000赫兹双耳平均听阈≥40分贝；任一耳传导性耳聋，平均语频听力损失≥41分贝 ・在岗检查。职业病：职业性噪声聋。职业禁忌证：除噪声外各种原因引起的永久性感音神经性听力损失（500赫兹、1000赫兹和2000赫兹中任一频率的纯音气导听阈>25分贝）；任一耳传导性耳聋，平均语频听力损失≥41分贝；噪声敏感者（上岗前职业健康体检纯音听力检查各频率听力损失均≤25分贝，但噪声作业1年之内，高频段3000赫兹、4000赫兹、6000赫兹中任一耳，任一频率听阈≥65分贝）。检查周期为作业场所噪声8小时等效声级≥85分贝，1年1次；作业场所噪声8小时等效声级≥80分贝，<85分贝，2年1次 ・应急检查。职业性爆震聋 ・离岗检查。职业性噪声聋

序号	有害因素	目标疾病
2	手传振动	·上岗前检查。职业禁忌证：多发性周围神经病、雷诺病 ·在岗检查。职业病：职业性手臂振动病；职业禁忌证：多发性周围神经病。检查周期为2年 ·离岗检查。职业性手臂振动病
3	高温	·上岗前检查。职业禁忌证：未控制的高血压、慢性肾炎、未控制的甲状腺功能亢进症、未控制的糖尿病、全身瘢痕面积≥20%以上（工伤标准的八级）、癫痫 ·在岗检查。同上岗前。检查周期为1年，应在每年高温季节到来之前进行 ·应急检查。职业性中暑
4	高气压	·上岗前检查。职业禁忌证：各类器质性心脏病（风湿性心脏病、心肌病、冠心病、先天性心脏病等）；器质性心律不齐、直立性低血压、周围血管病；慢性支气管炎、支气管哮喘、肺结核、结核性胸膜炎、自发性气胸及病史；食道、胃、十二指肠、肝、胆、脾、胰疾病，慢性细菌性痢疾、慢性肠炎、腹部包块，消化系统、泌尿系统结石；泌尿、血液、内分泌及代谢系统疾病；结缔组织疾病，过敏体质；中枢神经系统及周围神经系统疾病和病史；癫痫、精神病、晕厥史、神经症和癔症精神活性物质滥用和依赖；各种原因引起的头颅异常影响戴面罩者，胸廓畸形，脊椎疾病、损伤及进行性病变，脊椎活动范围受限或明显异常，慢性腰腿痛，关节活动受限或疼痛；多发性肝、肾及骨囊肿，多发性脂肪瘤，瘢痕体质或全身瘢痕面积≥20%以上者；有颅脑、胸腔及腹腔手术史等外科疾病。阑尾炎术时间未超过半年，腹股沟斜疝和股疝修补术未超过1年者；脉管炎、动脉瘤、动静脉瘘、静脉曲张；脱肛，肛瘘，陈旧性肛裂，多发性痔疮及单纯性痔疮经常出血者；腋臭，头癣，泛发性体癣，疥疮，慢性湿疹，神经性皮炎，白癜风，银屑病；单眼裸视力不得低于4.8（0.6），色弱，色盲，夜盲及眼科其他器质性疾患；外耳畸形耳、鼻、喉及前庭器官的器质性疾病，咽鼓管功能异常者；手足部习惯性冻疮；淋病、梅毒、软下疳、性病淋巴肉芽肿、非淋球菌性尿道炎、尖锐湿疣、生殖器疱疹、艾滋病及艾滋病毒携带者；纯音听力测试任一耳500赫兹听力损失不得超过30分贝，1000赫兹、2000赫兹听力损失不得超过25分贝，4000赫兹听力损失不得超过35分贝；加压试验不合格或氧敏感试验阳性者 ·在岗检查。职业病：减压性骨坏死；职业禁忌证：同上岗前。检查周期为1年。在岗期间职业健康体检是否合格，标准评定参照GB20827 ·应急检查。急性减压病 ·离岗检查。减压性骨坏死
5	紫外辐射（紫外线）	·上岗前检查。职业禁忌证：活动性角膜疾病，白内障，面、手背和前臂等暴露部位严重的皮肤病，白化病 ·在岗检查。职业病：职业性电光性皮炎、职业性白内障；职业禁忌证：活动性角膜疾病。检查周期为2年 ·应急检查。职业性急性电光性眼炎（紫外线角膜结膜炎）；职业性急性电光性皮炎 ·离岗检查。职业性白内障
6	微波	·上岗前检查。职业禁忌证：神经系统器质性疾病、白内障 ·在岗检查。职业病：职业性白内障；职业禁忌证：神经系统器质性疾病。检查周期为2年 ·离岗检查。职业性白内障

企业职业健康与应急全案（实战精华版）

（4）接触有害生物因素作业人员职业卫生监护检查。接触有害生物因素作业人员职业卫生监护检查的项目与周期如表5-4所示。

表5-4 接触有害生物因素作业人员职业卫生监护检查的项目与周期

序号	有害因素	目标疾病
1	布鲁菌属	·上岗前检查。职业禁忌证：慢性肝炎、骨关节疾病、生殖系统疾病 ·在岗检查。职业病：职业性布氏杆菌病；职业禁忌证：同上岗前。检查周期为1年 ·应急检查。及时发现急性布氏杆菌病患者，了解疾病流行情况，控制疫情发展 ·离岗检查。职业性布氏杆菌病
2	炭疽芽孢杆菌（简称炭疽杆菌）	·上岗前检查。职业禁忌证：泛发慢性湿疹、泛发慢性皮炎 ·在岗检查。职业病：职业性炭疽；职业禁忌证：同上岗前。检查周期为2年 ·应急检查。及时发现炭疽病患者，了解疾病流行情况，控制疫情发展

（5）特殊作业人员职业卫生监护检查。特殊作业人员职业卫生监护检查的项目与周期如表5-5所示。

表5-5 特殊作业人员职业卫生监护检查的项目与周期

序号	有害因素	目标疾病
1	电工作业	·上岗前检查。职业禁忌证：癫痫、晕厥（近一年内有晕厥发作史）、2级及以上高血压（未控制）、红绿色盲、器质性心脏病或各种心律失常、四肢关节运动功能障碍 ·在岗检查。同上岗前。检查周期为2年
2	高处作业	·上岗前检查。职业禁忌证：未控制的高血压，恐高症，癫痫，晕厥、眩晕症，器质性心脏病或各种心律失常，四肢骨关节及运动功能障碍 ·在岗检查。同上岗前。检查周期为1年
3	压力容器作业	·上岗前检查。职业禁忌证：红绿色盲，2级及以上高血压（未控制），癫痫，晕厥、眩晕症，双耳语言频段平均听力损失>25分贝，器质性心脏病或心律失常 ·在岗检查。职业禁忌证：除红绿色盲外，其余同上岗前。检查周期为2年
4	结核病防治工作	·上岗前检查。职业禁忌证：未治愈的肺结核病 ·在岗检查。肺结核。检查周期为1年
5	肝炎病防治工作	·上岗前检查。职业禁忌证：慢性肝病 ·在岗检查。慢性肝病。检查周期为肝功能检查，每半年1次；健康检查，1年1次
6	职业机动车驾驶作业	·上岗前检查。职业禁忌证：身高为大型机动车驾驶员<155厘米，小型机动车驾驶员<150厘米；远视力（对数视力表）为大型机动车驾驶员两裸眼<4.0，并<5.0（矫正）；小型机动车驾驶员两裸眼<4.0，并<4.9（矫正）；红绿色盲；听力为双耳平均听阈>30分贝（语频纯音气导）；血压为大型机动车驾驶员收缩压≥18.7千帕（≥140毫米汞柱）和舒张压≥12千帕（≥90毫米汞柱）；小型机动车驾驶员为2级及以上高血压（未控制）；深视力为<-22毫米或>+22毫米；暗适应>30秒；复视、立体盲、严重视野缺损；器质性心脏病；癫痫；梅尼埃病；眩晕症；癔症；震颤麻痹；各类精神障碍疾病；痴呆；影响肢体活动的神经系统疾病；吸食、注射毒品；长期服用依赖性精神药品成瘾尚未戒除者

序号	有害因素	目标疾病
6	职业机动车驾驶作业	·在岗检查。职业禁忌证：远视力（对数视力表）为大型机动车驾驶员两裸眼<4.0，并<5.0（矫正）；小型机动车驾驶员为两裸眼<4.0，并<4.9（矫正）。听力为双耳语频平均听阈>30分贝（纯音气导）。血压为大型机动车驾驶员收缩压≥18.7千帕（≥140毫米汞柱）和舒张压≥12千帕（≥90毫米汞柱）；小型机动车驾驶员为2级及以上高血压（未控制）。红绿色盲。器质性心脏病、癫痫、震颤麻痹、癔病，吸食、注射毒品、长期服用依赖性精神药品成瘾尚未戒除者。检查周期为大型车及营运性职业驾驶员1年；小型车及非营运性职业驾驶员2年
7	视屏作业	·上岗前检查。职业禁忌证：腕管综合征、类风湿关节炎、颈椎病、矫正视力小于4.50 ·在岗检查。腕管综合征、颈肩腕综合征。检查周期为2年
8	高原作业	·上岗前检查。职业禁忌证：中枢神经系统器质性疾病；器质性心脏病；2级及以上高血压或低血压；慢性阻塞性肺病；慢性间质性肺病；伴肺功能损害的疾病；贫血；红细胞增多症 ·在岗检查。职业病：职业性慢性高原病；职业禁忌证：除红细胞增多症外，其余同上岗前。检查周期为1年 ·应急检查。急性高原病 ·离岗检查。职业性慢性高原病
9	航空作业	·上岗前检查。职业禁忌证：活动的、潜在的、急性或慢性疾病；创伤性后遗症；影响功能的变形、缺损或损伤及影响功能的肌肉系统疾病；恶性肿瘤或影响生理功能的良性肿瘤；急性感染性、中毒性精神障碍治愈后留有后遗症；神经症、经常性头痛、睡眠障碍；药物成瘾、酒精成瘾者；中枢神经系统疾病、损伤；严重周围神经系统疾病及植物神经系统疾病；呼吸系统慢性疾病及功能障碍、肺结核、自发性气胸、胸腔脏器手术史；心血管器质性疾病，房室传导阻滞以及难以治愈的周围血管疾病；严重消化系统疾病、功能障碍或手术后遗症，病毒性肝炎；泌尿系统疾病、损伤以及严重生殖系统疾病；造血系统疾病；新陈代谢、免疫、内分泌系统系统疾病；运动系统疾病、损伤及其后遗症；难以治愈的皮肤及其附属器官疾病（不含非暴露部位范围小的白癜风）；任一眼裸眼远视力低于0.7，任一眼裸眼近视力低于1.0；视野异常；色盲、色弱；夜盲治疗无效者；眼及其附属器官疾病治愈后遗有眼功能障碍；任一耳纯音听力图气导听力曲线在500赫兹、1000赫兹、2000赫兹任一频率听力损失不得超过35分贝或3000赫兹频率听力损失不得超过50分贝；耳气压功能不良治疗无效者，中耳慢性进行性疾病。内耳疾病或眩晕症不合格；影响功能的鼻、鼻窦慢性进行性疾病，嗅觉丧失，影响功能且不易矫治的咽喉部慢性进行性疾病者；影响功能的口腔及颞下颌关节慢性进行性疾病 ·在岗检查。职业性航空病、职业性噪声聋。检查周期为1年 ·离岗检查。职业性航空病、职业性噪声聋

5.2 企业如何进行职业健康监护

5.2.1 职业健康监护计划

为使职业健康监护的工作有序地进行，企业必须制订职业监护计划，计划的内容包括以下几个方面。

（1）指导思想。指导思想也就是指企业在制订该计划的时候，是以什么思想为指导，根据哪些法律法规来制定。

（2）工作目标。工作目标也就是企业在计划期内应该达到的目标，职业健康监护的指标通常为：有毒有害作业场所职业健康监测率、有毒有害岗位职工的职业健康检查率、建档率、职工个体防护用品使用率、人员人身伤亡事故率等。

（3）重点工作。重点工作也就是为达成工作目标企业所采取的各项措施。下面是某企业的职业健康监护工作计划，仅供读者参考。

范本5.01
_____年职业健康监护工作计划

为了促进我公司持续、稳定、健康、和谐发展，使生产作业环境符合国家职业健康标准和要求，保护职工健康及其相关权益，确保全年职业健康工作顺利进行，特制订公司年度职业健康监护工作计划。

一、指导思想

指导思想：坚持"预防为主，防治结合"的工作方针，进一步修订和完善职业健康各项规章制度，有效消减和控制职业危害，杜绝职业性中毒事故发生，提高全员职业健康意识，依法保护职工健康权益；促进职业健康工作不断科学化、规范化、法制化，为使我司职业健康监护工作进入全县先进行列奠定坚实基础。

二、工作目标

本公司职业健康监护的目标如下。

（1）建立和完善作业场所职业危害监督检查制度。

（2）落实职业危害监控措施。

（3）有毒有害作业场所职业健康监测率达到100%。

（4）有毒有害岗位职工的职业健康检查率、建档率达到100%。

（5）职工个体防护用品使用率达到100%。

（6）杜绝安全生产人员人身伤亡事故。

三、重点工作

本年的重点工作包括以下几个方面。

1. 建立、健全职业病防治责任制

公司严格按照《中华人民共和国职业病防治法》（以下简称《职业病防治法》）的规定，任命总经理先生为我公司职业健康工作的第一负责人，并设立安全环保委员会统一领导职业健康工作。

我公司根据《职业病防治》的立法宗旨，正确处理职业病防治责任制与经济责任制的关系，以保护劳动者健康及相关权益为目标，落实职业病防治工作管理人员、工作人员的责、权、利，力戒形式主义。我公司认真落实职业病防治责任制，以责定权，以控制效果定奖惩，体现奖优罚劣的原则。

2. 依法参加工伤社会保险，确保劳动者依法享受工伤社会保险的权利

本公司按照劳动保障部门的有关规定，按时缴纳工伤社会保险金，积极配合相关部门做好工伤社会保险工作。使在我公司工作场所发生的工伤、职业病以及因此而造成劳动者暂时或永久丧失劳动能力及死亡时，劳动者或其遗属能够从社会得到必要的物质补偿和服务的社会保障，保证劳动者或其遗属的基本生活，为劳动者提供必要的医疗救治和康复服务等。

3. 按照《职业病防治法》的规定积极做好工作场所的卫生防护工作，使工作场所符合下列职业健康要求

（1）职业病危害因素的强度或者浓度符合国家职业健康标准。

（2）有与职业病危害防护相适应的设施。

（3）生产布局合理，符合有害与无害作业分开的原则。

（4）有配套的职工澡堂、更衣间等卫生设施。

（5）设备、工具、用具等设施符合保护劳动者生理、心理健康的要求。

（6）符合法律、法规和卫生行政部门关于保护劳动者健康的其他要求。

4. 做好职业病危害项目的申报

公司环保科要根据《职业病危害因素分类目录》规定的职业病危害因素的种类（粉尘），对所有作业场所进行职业病危害程度进行了评价。对符合规定的职业病危害因素，要按照《职业病危害项目申报管理办法》的规定，填报好各种申报表及时申报。

5. 对从事有毒有害作业的管理

有毒有害作业管理包括对作业场所和作业人员的管理。如生产设备管道化、密闭化和操作自动化，作业场所设置特殊职业病防护，包括自动报警装置、防护安全联锁反应系统和工作信号，配备应急救援设施、医疗急救用品等。

6. 建立、健全职业健康档案

公司环保科要根据《职业病防治法》和上级部门的有关要求，建立、健全《企业职业健康档案》和《员工健康监护档案》。

7. 建立、健全作业场所职业病危害因素监测

公司环保科要依据《职业病防治法》和卫生行政部门的有关规定，专人负责，委托有资质的职业健康技术服务机构，对本公司职业病危害因素（粉尘）进行定期检测及检测评价，相关责任人要做好职业病危害因素的日常监管，建立职业健康监护制度，配备个人劳动防护用品，按时足额发放保健津贴。

8. 制订职业健康体检计划

公司环保科要依据公司有毒有害作业职业病危害因素情况，负责制订《职业健康体检计划》，包括上岗前、在岗期间和离岗时的健康体检计划，建立职业健康体检档案。

9. 建立、健全职业病危害事故应急救援预案

公司环保科要修订和完善职业病危害事故应急救援预案，并定期进行演练。预案内容应包括救援组织、机构和人员职责、应急措施、人员撤离路线和疏散方法、财产保护对策、事故报告途径和方式、预警设施、应急防护用品及使用指南、医疗救护等。

10. 建立职业病报告制度

根据《职业病防治法》的规定，职业病报告应符合下列规定。

（1）急性职业病报告

①公司职业病防治指挥部及其卫生（所）接诊的急性职业病均应在12～24小时之内向患者所在地卫生行政部门报告。

②凡有死亡或同时发生三名以上急性职业中毒以及发生一名职业性炭疽，公司及其卫生（所）应当立即电话报告卫生行政主管部门或卫生监督机构。

（2）非急性职业病报告

①公司职业病防治指挥部及其卫生（所）在发现或怀疑为职业病的患者时，均应及时向卫生行政主管部门报告。

②对发现或怀疑为职业病的非急性职业病或急性职业病紧急救治后的患者应根据《职业病防治法》规定及时转诊到取得职业病诊断资质的医疗卫生机构明确诊断，并按规定报告。

③对确认的非急性职业病患者如尘肺、慢性职业病和其他慢性职业病，应及时按卫生行政主管部门规定的程序逐级上报。各级负责职业病报告工作的单位和人员，必须树立法制观念，不得虚报、漏报、拒报、迟报、伪报和篡改。

11. 抓好作业场所危害警示

（1）应当在醒目位置设置公告栏，公布职业病防治的规章制度、操作规程、职业病危害事故应急救援措施和工作场所职业病危害因素检测结果。

（2）对产生严重职业病危害的作业岗位，应当在其醒目位置，设置警示标识和中文警示说明。

（3）对可能发生急性损伤的有毒、有害工作场所，应当设置报警装置，配置现场急救用品、冲洗设备、应急撤离通道和必要的泄险区。

（4）与劳动者订立劳动合同时，应当将工作过程中可能产生的职业病危害及后果、职业病防护措施和待遇等如实告知劳动者，并在劳动合同中写明，不得隐瞒。已订立劳动合同期间因工作岗位或者工作内容变更，从事与所订立劳动合同中未告知的存在职业病危害时，应当向劳动者履行如实告知的义务，并协商变更原劳动合同相关条款。

12. 职业健康培训

公司环保科要根据《职业病防治法》和上级有关规定，组织对新入职人员、转岗人员进行的上岗前职业健康培训和在岗期间的定期职业健康培训。培训内容包括职业健康知识、劳动防护用品知识、救护自救技能等。

13. 做好职业健康日常管理工作

公司环保科及相关部门要及时更新职业健康管理系统信息，确保数据及时准确、真实有效，要按照要求及时上报各类报表。

5.2.2 职业病危害项目申报

企业的工作场所如果存在职业病目录所列职业病的危害因素的，应当及时、如实向所在地安全生产监督管理部门申报危害项目，并接受安全生产监督管理部门的监督管理。

（1）申报资料。企业在申报职业病危害项目时，应当提交《职业病危害项目申报表》（如表5-6所示）和下列文件、资料。

①企业基本情况。

②工作场所职业病危害因素种类、浓度和强度以及接触人数。

③产生职业病危害因素的生产技术、工艺和材料。

④职业病防护设施、应急救援设施。

⑤法律、法规和规章规定的其他文件、资料。

 特别提示

> 职业病危害项目申报同时采取电子数据和纸质文本两种方式。
>
> 企业应当首先通过"职业病危害项目申报系统"进行电子数据申报，同时将"职业病危害项目申报表"加盖公章并由本单位主要负责人签字后，连同有关文件、资料一并上报所在地设区的市级、县级安全生产监督管理部门。

表5-6 职业病危害项目申报表

单位：（盖章）　　　　主要负责人：（签字）　　　　日期：

申报类别	初次申报○ 变更申报○		变更原因	
单位注册地址			工作场所地址	
企业规模	大○ 中○ 小○ 微○		行业分类	
			注册类型	
法定代表人			联系电话	
职业健康管理机构	有○ 无○		职业健康管理人员数	专职
				兼职
劳动者总人数			职业病累计人数	
职业病危害因素种类	粉尘类	有○ 无○	接触人数	接触职业病危害总人数：
	化学物质类	有○ 无○	接触人数	
	物理因素类	有○ 无○	接触人数	
	放射性物质类	有○ 无○	接触人数	
	其他	有○ 无○	接触人数	

续表

作业场所名称	职业病危害因素名称	接触人数（可重复）	接触人数（不重复）
（作业场所1）			
	......		
（作业场所2）			
	......		
......			
合计			

填报人：
联系电话：

（2）职业病危害项目变更申请。企业如果有图5-1所列情形之一的，应当及时向原申报机关申报变更职业病危害项目内容。

 进行新建、改建、扩建、技术改造或者技术引进建设项目的，自建设项目竣工验收之日起30日内进行申报

 因技术、工艺、设备或者材料等发生变化导致原申报的职业病危害因素及其相关内容发生重大变化的，自发生变化之日起15日内进行申报

 企业工作场所、名称、法定代表人或者主要负责人发生变化的，自发生变化之日起15日内进行申报

 经过职业病危害因素检测、评价，发现原申报内容发生变化的，自收到有关检测、评价结果之日起15日内进行申报

图5-1 职业病危害项目变更申请的情形

5.2.3 做好员工职业健康体检

（1）职业性健康检查的类别。职业性健康检查是指对从事有毒有害作业人员的健康状况进行医学检查，职业性健康检查分以下检查类别，如表5-7所示。

表5-7 职业性健康检查的类别

序号	类别	具体说明
1	上岗前健康检查	上岗前健康检查是指对将要从事有害作业人员（包括转岗人员），应在上岗前针对可能接触的有害因素进行的健康检查
2	定期职业性健康检查	定期职业性健康检查：指对从事有害作业的员工按一定的间隔时间（周期）及规定的项目进行健康检查
3	应急性健康检查	应急性健康检查：工作场所发生危害员工健康的紧急情况时，需立即组织同一工作场所的员工进行健康检查
4	离岗健康检查	离岗健康检查：员工不再从事有毒有害作业，应在离岗时进行健康检查
5	职业病患者和观察对象定期复查	职业病患者和观察对象定期复查：对已诊断为职业病的患者或观察对象，根据职业病诊断的要求，进行定期复查
6	非职业性健康检查	非职业性健康检查：指对不从事有害作业员工的健康检查，不包括由于员工患病所需要的检查

（2）企业应制定职业健康体检制度。为使职业健康体检成为一项规范化的工作，并能切实地执行，企业应按照相关法律法规的要求制定职业健康体检制度，并公布实施，且以其实施的状况对相关部门和人员进行考核。职业健康体检制度的内容包括以下几个方面。

①制定制度的目的。

②适用范围。

③对相关术语的解析。

④责任部门及其责任。

⑤具体规定。这方面的内容非常丰富，具体包括健康检查的类别、检查项目、时间的安排、健康检查中发现有与从事的职业有关的健康损害的劳动者及职业禁忌证者的处理要求、体检和诊断结果的登记与报告要求、健康检查和职业病损害诊疗费用管理、健康检查的归档与管理等方面。下面提供一份某企业的职工职业健康体检管理制度，仅供读者参考。

范本5.02

职工职业健康体检管理制度

1. 目的

为保障员工的身体健康，消除职业性危害，预防职业病的发生，提高劳动效率，根据《中华人民共和国职业病防治法》及相关法律法规规定，结合我公司生产特点，特制定本制度。

2. 适用范围

本规定适用于公司各所属员工职业健康体检管理工作。

3. 定义

3.1 职业健康检查：是采用医学方法筛选职业人群中一些较敏感的个体和探讨疾病与职业的关系，从而达到确保从业人员健康和促进安全生产的目的。

3.2 职业禁忌：是指员工从事特定职业或者接触特定职业病危害因素时，比一般职业人群更易于遭受职业病危害和患职业病或者可能导致原有自身疾病病情加重，或者在从事作业过程中可能诱发导致对他人生命健康构成危险的疾病的个人特殊生理或者病理状态。

3.3 职业禁忌证：某些疾病（或某些生理缺陷），其患者如从事某种职业便会因职业性危害因素而使疾病病情加重或易于发生事故，则称此疾病（或生理缺陷）为该职业的职业禁忌证。

4. 职责

4.1 办公室是体检管理工作的负责部门，负责员工体检管理标准的制定与修订工作，下达公司员工年度体检计划并组织实施，建立健全全公司在册人员的职业健康监护档案。

4.2 办公室负责新员工上岗前体检工作，负责与职业病危害因素有关的职业病或职业禁忌证者调离、调换岗位的人事管理工作。

4.3 工会负责监督员工体检管理工作的落实。

5. 控制程序

5.1 职业健康体检应由取得省级卫生行政部门批准的职业健康体检机构进行。

5.2 职业性健康检查范围

5.2.1 从事生产性有害因素或对健康有特殊要求的作业人员上岗前的职业性健康检查。

5.2.2 从事生产性有害因素的其他作业者。

5.3 体检类别

职业性健康检查是指对从事有毒有害作业人员的健康状况进行医学检查，职业性健康检查分以下检查类别。

5.3.1 就业前健康检查：是指对将要从事有害作业人员（包括转岗人员），应在就业前针对可能接触的有害因素进行的健康检查。

5.3.2 定期职业性健康检查：指对从事有害作业的员工按一定的间隔时间（周期）及规定的项目进行健康检查。

5.3.3 应急性健康检查：工作场所发生危害员工健康的紧急情况时，需立即组织同一工作场所的员工进行健康检查。

5.3.4 离岗健康检查：员工不再从事有毒有害作业，应在离岗时进行健康检查。

5.3.5 职业病患者和观察对象定期复查：对已诊断为职业病的患者或观察对象，根据职业病诊断的要求，进行定期复查。

5.3.6 非职业性健康检查：指对不从事有害作业员工的健康检查，不包括由于员工患病所需要的检查。

5.4 体检内容、体检周期

5.4.1 根据公司生产特点和员工从事的作业，可将公司的定期体检分为一般健康监护体检（非职业性健康检查）和有毒有害岗位体检两项，体检项目的内容据国家有关法律法规内容制定，每个项目检查内容如下。

5.4.1.1 非职业性健康检查（一般健康监护体检）内容为：内科常规检查、心电图、肝功能、血常规、尿常规、既往病史、现病史、女工增加妇科项目检查。

5.4.1.2 职业性健康检查（即有毒有害岗位体检）

（1）粉尘作业体检内容为：一般健康监护体检内容+高千伏胸部X射线摄片+肺功能。

（2）氨气作业体检内容：一般健康监护体检内容+胸部X射线摄片+B超+肺功能（其中B超与肺功能检查为视员工作业危害严重程度和劳动者健康损害状况的选检项目）。

（3）酸性物质作业体检内容：一般健康监护体检内容+口腔+鼻腔检查+肝脾B超+胸部X射线摄片（其中肝脾B超与胸部X射线摄片检查为视员工作业危害严重程度和劳动者健康损害状况的选检项目）。

（4）致化学性眼灼烧的化学物体检内容：一般健康监护体检内容+眼部检查+耳鼻咽喉科+角膜荧光素染色及裂隙灯观察（检查角膜及内眼）：其中角膜荧光素染色及裂隙灯观察为视员工工作危害严重程度和劳动者健康损害状况的选检项目。

（5）有机物质作业体检内容（乙炔等各类有机助剂）：一般健康监护体检内容+末梢感觉检查+肝脾B超+神经肌电图+头部CT+血清学检查（其中肝脾B超、神经肌电图、头部CT、血清学检查为视员工作业危害严重程度和劳动者健康损害状况的选检项目）。

（6）电工作业体检内容：一般健康监护体检项目+肱二头肌+肱三头肌+膝反射+视力+色觉+脑电图（其中脑电图检查为视员工作业危害严重程度和劳动者健康损害状况的选检项目）。

（7）噪声作业体检内容：一般健康监护检查项目+纯音听力测试+耳鼻检查；

（8）机动车驾驶作业：一般健康监护检查项目+远视力+色觉+听力+胸部X线透视。

5.4.2 体检周期

5.4.2.1 非职业性健康检查（一般健康监护体检）的体检周期为两年一次。

5.4.2.2 职业性健康检查周期依据公司的实际情况规定如下：

（1）粉尘作业：一年体检一次。

（2）氨气作业：一年体检一次。

（3）酸性物质作业：两年体检一次。

（4）致化学性眼灼伤的化学物质作业：一年体检一次。

（5）有机物作业内容：一年体检一次。

（6）电工作业：两年体检一次。

（7）噪声作业：在90~100分贝（A）的2年体检一次、大于100分贝（A）为1年体检一次。

（8）其余岗位每2年体检一次。

5.5 体检结果处理及要求

5.5.1 所有调入、签订劳动合同的员工，在上岗前必须进行就业前的体检，由行政办公室向县人民医院提供人员名单，行政办公室负责组织体检。在体检期间的同时必须接受有害有毒物质危险性知识及气防应知应会技能培训，经考核合格后，再根据体检结果分配相应的岗位工作，办公室应建立原始的个人健康监护档案，并备案。

5.5.2 公司在册人员体检结果汇总后由办公室负责存档，每项体检化验分析单要保存到个人档案中，各类所拍片子要妥善保存，个人体检档案中每个项目的检查都要有所查医生的签字。

5.5.3 员工健康监护档案应维护其真实性、科学性、保密性。除公司领导、办公室的工作人员因工作需要按照档案的管理规定查阅外，其他人员无权随意查阅。

5.5.4 体检中发现与职业因素有关的疾病或职业禁忌证，办公室要填写到体检结果一览表中，工种不适者，由办公室会同其相关处室予以调整。

5.5.5 办公室在体检中发现群体性反应且可能与所接触的职业性危害因素有关时，要对作业环境进行卫生学调查、评价，相关处室要积极配合，对所监测超标的岗位和有毒有害岗位监测结果要定期报相关部门，对接触职业性危害因素员工进行体检时，也必须对职工接触的作业场所有害有毒因素进行监测。

（3）制订职业健康体检计划并执行。企业应依据有毒有害作业职业病危害因素情况，制订《职业健康体检计划》，包括上岗前、在岗期间和离岗时的健康体检计划。职业健康体检计划的内容包括以下几方面。

①体检目的。

②体检对象。

③体检项目。

④体检单位。

⑤受检人员要求。

⑥组织形式。

⑦职业健康检查经费预算。

⑧注意事项等。

在此，提供一份某企业在职员工职业健康体检计划，仅供读者参考。

 范本5.03

在职员工职业健康体检计划

为进一步改善员工的福利待遇，做好在职员工的职业健康体检工作，保证员工的身体健康，根据《中华人民共和国职业病防治法》的规定，现拟对公司在职员工进行职业健康体检，具体事宜安排如下。

一、体检对象

_____年___月____日前与公司签订1年以上劳动合同的在册在岗合同工、返聘在职员工、劳务派遣员工。

二、体检员工分类

此次体检共分为三个阶段。

第一阶段：在职特殊工种员工（_____人）。

第二阶段：在职女职工（_____人，不含特殊工种女职工），48岁以上男职工（_____人，不含特殊工种男职工）。

第三阶段：48岁以下全体在职男员工（_____人，不含特殊工种男职工）。

一、二、三阶段员工体检名单（略）。

三、体检时间

1. 第一阶段员工计划于_____年____月____日体检。

2. 第二阶段员工计划于_____年____月____日体检。

3. 第三阶段员工计划于_____年____月____日体检。

四、体检项目

根据体检员工分类，相对应体检项目分类如下。

（一）第一阶段

（1）实验室检查：包括肝功12项、乙肝两对半、肾功4项、血脂全套。

（2）功能检查：心电图、腹部B超（肝胆脾胰肾）、胸片。

（二）第二阶段

1. 女职工

（1）实验室检查：包括肝功10项、乙肝两对半、肾功4项。

（2）功能检查：心电图、腹部B超（肝胆脾胰肾）、胸片。

（3）女性特殊检查：妇科检查、宫颈细胞学多项检查。

2. 48岁以上男职工

（1）实验室检查：包括肝功12项、乙肝两对半、肾功4项、血脂全套。

（2）功能检查：心电图、腹部B超（肝胆脾胰肾）、胸片。

（三）第三阶段

（1）实验室检查：包括肝功12项、乙肝两对半、肾功4项、血脂全套。

（2）功能检查：心电图、腹部B超（肝胆脾胰肾）、胸片。

五、体检单位

待定。

六、受检人员要求

在体检中，为了更准确地反映公司员工身体的真实状况，请受检人员务必按照体检员工分类要求的体检检查项目执行。

七、组织形式

由公司人力资源部、工会协同_____市卫生监督所共同组织。

八、职业健康检查经费预算

1. 第一阶段员工共____人，按每人体检费_____元计算，共计_____元。

2. 第二阶段员工中，女职工共____人，按每人体检费_____元计算，共计_____元。48岁以上男职工共＿＿＿人，按每人体检费＿＿＿＿＿元计算，共计＿＿＿＿＿元。

3. 第三阶段员工共＿＿＿人，按每人体检费＿＿＿＿＿元计算，共计＿＿＿＿＿元。

本次职业健康检查包括体检费、交通费每人约为＿＿＿＿＿元，共＿＿＿人，总计＿＿＿＿元，按照三个阶段员工体检实际发生的费用，总计为＿＿＿＿＿元。

九、其他注意事项

新招收员工，已做入职体检的，本次不再进行健康体检。

人力资源部

＿＿＿＿＿年＿＿＿月＿＿＿日

（4）体检结果处理要求

①企业应根据体检的结果来分配相应的岗位工作，同时应建立原始的个人健康监护档案，并备案。公司在册人员体检结果汇总（见表5-8）后由办公室负责存档，每项体检化验分析单要保存到个人档案中，各类所拍片子要妥善保存，个人体检档案中每个项目的检查都要有所查医生的签字。

表5-8　接触职业病危害人员体检结果

体检日期	接触人数	应检人数	实检人数	体检率/%	未体检人数及原因	检出禁忌证数	检出职业病人数

注：1. 每年度将本年度体检结果填入。

2. 未体检原因应注明。

3. 检出的禁忌证/职业病在表中列出。

②体检中发现与职业因素有关的疾病或职业禁忌证，行政部要填写到体检结果一览表中（见表5-9），工种不适者，由行政部会同其相关处室予以调整。

表5-9　接触职业病危害人员上岗/离岗/转岗体检结果

体检日期	体检类别	应检人数	实检人数	体检率/%	未体检人数及原因	检出禁忌证数	检出职业病人数

注：1. 体检类别指上岗、离岗或转岗。

2. 未体检原因应注明。

3. 检出的禁忌证/职业病在表中列出。

③行政部在体检中发现群体中反应且可能与所接触的职业性危害因素有关时，要对作业环境进行卫生学调查、评价，相关处室要积极配合，对所监测超标的岗位和有毒有害岗位监测结果要定期报相关部门，对接触职业性危害因素员工进行体检时，也必须对职工接触的作业场所有害有毒因素进行监测。

④将员工健康体检结果告知员工。员工对个人职业健康状况有知情权及维护职业健康档案完整的义务。企业应将体检结果告知员工本人。员工在得知其本人体检结果后应履行健康档案的完整手续并对自己的健康负责。

5.2.4 发现有职业病要及时报告

企业发现职业病病人或者疑似职业病病人时，应当及时向所在地卫生行政部门报告。确诊为职业病的，企业还应当向所在地劳动保障行政部门报告。

（1）职业病危害事故的分类。按一次职业病危害事故所造成的危害严重程度，职业病危害事故分为三类，如图5-2所示。

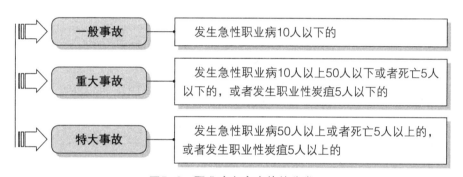

图5-2 职业病危害事故的分类

放射事故的分类及调查处理按照卫生部制定的《放射事故管理规定》执行。

（2）职业病危害事故的报告要求。发生职业病危害事故时，各单位要依法采取临时控制和应急救援措施，及时组织抢救病人。同时，各单位应立即向生产部门报告。生产部门接到报告后，立即向职业病防治办公室及所在地卫生行政部门和有关部门报告。

任何单位与个人不得以任何借口对职业病危害事故瞒报、虚报、迟报、漏报。

（3）职业病危害事故报告的内容。职业病危害事故报告的内容应包括事故发生的地点、时间、发病情况、死亡人数、可能发生原因、已采取措施和发展趋势等。

范本5.04

职业病和疑似职业病人的报告

×××卫生局、卫生监督所：

我厂于_____年____月____日组织从事接触职业病危害作业的工人在_____机构进行了职业健康检查（体检机构具有相应资质），体检结果发现：疑似职业病人____人。经职业诊断机构诊断后确诊职业病____人（诊断机构有相应资质），现上报（见名单）。

对发现的疑似职业病人和职业病人，我厂已按照处理意见妥善处理。

附：1. 疑似职业病人名单及处理情况（略）。

2. 职业病人名单及处理情况（略）。

××厂（盖章）

_____年____月____日

范本5.05

职业病事故报告与处理记录表

企业名称		法定代表人	
事故报告人		联系电话	

基本情况

1. 发生时间：_____年____月____日____时

2. 发生场所（车间名称）：_____岗位及工作内容_____。

3. 发病情况：接触人数_____发病人数_____。

　　　　　　送医院治疗人数_____死亡人数_____。

4. 职业病有害因素名称：_____

_____

_____

事故经过（事件起因、患者主要临床表现、救援过程和处理情况）：

事故性质最终分析结论：

事件报告情况	1. 报告时间：_____年____月____日____时 2. 报告单位：_____ 负责人（签名）： 日期：_____年____月____日

范本5.06

职业病患者一览表

姓名	车间、岗位	职业病名	诊断部门	诊断时间	处理情况

负责人（签名）：　　　　　　　　　　日期：　　　年　　月　　日

范本5.07

疑似职业病患者一览表

姓名	车间、岗位	疑似职业病名	体检机构	体检时间	处理情况

负责人（签名）：　　　　　　　　　　日期：　　　年　　月　　日

范本5.08

职业病人登记表

姓名	性别	出生年月	身份证号	工种	作业工龄	接触危害因素名称	职业病名称	诊断日期	诊断机构	病情进展情况				死亡日期及原因
										日期	结论	日期	结论	

注：1. 既往发生的职业病均应列入。

2. 各类体检检出的职业病均应列入。

3. 职业病名称以诊断结果为准。

4. 职业病进展情况应根据职业病诊断变化结果随时记录。

5. 死亡情况应将死亡日期和死亡原因分别填入。

5.2.5　建立职业健康监护档案并妥善保管

企业应为劳动者建立职业健康监护档案。并按照《职业健康监护技术规范》（GBZ 188—2014）规定的期限妥善保存。

（1）健康监护档案是健康监护全过程的客观记录资料，是系统地观察员工健康状况的变化，评价个体和群体健康损害的依据，其特征是资料的完整性、连续性。

（2）职业健康监护档案的内容如表5-10所示。

表5-10　职业健康监护档案的内容

序号	类别	档案资料
1	劳动者职业健康监护档案	（1）劳动者职业史、既往史和职业病危害接触史 （2）职业健康检查结果及处理情况 （3）职业病诊疗等健康资料
2	用人单位	（1）用人单位职业卫生管理组织组成、职责 （2）职业健康监护制度和年度职业健康监护计划 （3）历次职业健康检查的文书，包括委托协议书、职业健康检查机构的健康检查总结报告和评价报告 （4）工作场所职业病危害因素监测结果 （5）职业病诊断证明书和职业病报告卡 （6）用人单位对职业病患者、患有职业禁忌证者和已出现职业相关健康损害劳动者的处理和安置记录 （7）用人单位在职业健康监护中提供的其他资料和职业健康检查机构记录整理的相关资料 （8）卫生行政部门要求的其他资料

在此，提供几份不同的职业健康监护档案的范本，仅供读者参考。

范本5.09

年度接触有毒有害作业工人健康检查结果一览表

体检类别：岗前（　　）、在岗期间（　　）、离岗（　　）、应急（　　）

姓名	性别年龄	车间	上/离岗时间	体检结论	处理意见	落实情况	职业健康检查表（编号）

负责人（签名）：　　　　　　　　　　　　日期：

范本5.10

员工职业健康监护档案

姓名：＿＿＿＿＿＿＿　　　性别：＿＿＿＿＿

出生年月：＿＿＿＿＿年＿＿＿月　　　身份证号：＿＿＿＿＿＿＿＿＿＿＿＿＿＿

所在车间：＿＿＿＿＿＿＿＿＿　　　岗位工种：＿＿＿＿＿＿＿＿＿＿＿＿＿＿

接触职业病危害因素名称：＿＿＿＿＿＿＿＿＿＿＿＿＿＿＿＿＿＿＿＿＿＿

一、职业史及职业病危害因素接触史

起止日期	工作单位	车间	工种	职业病危害因素	防护措施

二、既往病史：＿＿＿＿＿＿＿＿＿＿＿＿＿＿＿＿＿＿＿＿＿＿＿＿＿＿

＿＿＿＿＿＿＿＿＿＿＿＿＿＿＿＿＿＿＿＿＿＿＿＿＿＿＿＿＿＿＿＿＿＿

三、急慢性职业病史

病名：＿＿＿＿＿＿　诊断日期：＿＿＿＿＿＿　诊断单位：＿＿＿＿＿＿　是否痊愈：＿＿＿

其他补充说明：＿＿＿＿＿＿＿＿＿＿＿＿＿＿＿＿＿＿＿＿＿＿＿＿＿＿＿

＿＿＿＿＿＿＿＿＿＿＿＿＿＿＿＿＿＿＿＿＿＿＿＿＿＿＿＿＿＿＿＿＿＿

四、历年职业健康检查结果及处理情况

体检时间	体检时从事工种	主要体检结果	处理情况	体检单位

五、历年作业场所职业病危害因素监测与评价情况

监测时间	危害因素种类	主要监测结果	评价情况	处理情况	监测单位

六、职业病诊疗情况

诊断时间	从事工种	诊断结论	诊断单位	治疗情况

职业病诊疗相关单据粘贴处

范本5.11

员工职业健康监护档案表

员工姓名		职业健康档案编号		
建档日期		证件号码（身份证）		
家庭住址				
一、基本信息				
性别	□男 □女	民族		出生日期	
学历		毕业院校		专业	
加盟时间		联系方式		技术职称	

工种岗位		工作部门		工作场所	

二、既往史					
职业史					
个人健康既往史					
职业病危害接触史					

三、职业健康检查情况					

1. 上岗前检查情况

检查日期	结论	检查机构

2. 在岗期间检查情况

检查日期	结论	检查机构	复查项目	复查结论	复查机构

3. 离岗时检查情况

检查日期	结论	检查机构

四、职业健康防范教育情况		

培训日期	培训内容	培训机构

五、职业病诊疗情况		

诊断日期	职业病种类	诊断机构

治疗日期	病情	处方	治疗机构	主治医师

续表

六、作业场所职业危害源因素检测情况						
作业场所名称	检测日期	检测结论	检测机构	复测日期	复测结论	复测机构

（3）职业健康监护档案的管理

①企业应当依法建立职业健康监护档案，并按规定妥善保存。劳动者或劳动者委托代理人有权查阅劳动者个人的职业健康监护档案，企业不得拒绝或者提供虚假档案材料。劳动者离开企业时，有权索取本人职业健康监护档案复印件，企业应当如实、无偿提供，并在所提供的复印件上签章。

②职业健康监护档案应有专人管理，管理人员应保证档案只能用于保护劳动者健康的目的，并保证档案的保密性。

5.2.6 安排员工工作时要符合职业健康的规定

（1）不安排有职业禁忌证的职工从事其所禁忌的作业。职业健康监护应涵盖对职业禁忌证的处理，企业应该根据工作场所职业有害因素的特点，按工种确定其相应的职业禁忌证，并根据职业健康监护结果，按照国家的有关规定，对患有职业禁忌证的职工进行妥善安排并做好记录（见表5-11）。

①如果是在上岗前体检发现的，不能安排患有职业禁忌证的职工从事其所禁忌的作业。

②如果是在岗期间发现的，应将职工从禁忌的作业岗位调离。

表5-11 职业禁忌证登记表

姓名	性别	出生年月	身份证号	工种	作业工龄	接触危害因素名称	禁忌证名称	检出日期	处理结果和时间	备注

注：1. 各类体检检出的禁忌证均应列出。

2. 禁忌证名称以体检结论为准。

3. 处理结果应注明调离到何岗位或其他处理结果。

（2）调离并妥善安置有职业健康损害的职工。妥善处理已发生职业健康损害的职工是职业健康监护的重要内容。企业在职员工在岗期间定期体检中，一旦发现职工出现与从事的职业相关的健康损害，应将其调离原岗位，做好再就业的技术培训，同时还应进行妥善安置，包括调换工种和岗位、医学观察、诊断、治疗和疗养等一系列措施。

（3）未进行离岗前职业健康检查，不得解除或者终止劳动合同。职工在离岗前，企业应无偿为职工进行离岗前职业健康检查，没有进行检查的不得解除或者终止劳动合同。

（4）不得安排未成年工从事接触职业病危害的作业。未成年工的身体、组织、器官尚未完全成熟，对职业病危害因素更为敏感，后果更严重，因此，企业不得安排未成年工从事接触职业病危害的作业。未成年工是指年满十六周岁、未满十八周岁的职工。

（5）不安排孕期、哺乳期的女职工从事对其本人和胎儿、婴儿有危害的作业。孕期和哺乳期女职工接触职业病危害因素，不仅可能对职工本人产生职业病危害，也可能通过胎盘或哺乳影响胎儿或婴儿的健康，因此，企业不得安排孕期、哺乳期的女职工从事对其本人和胎儿、婴儿有危害的作业。应制定相应的规定，建立女职工档案，包括育龄女职工、孕期女职工或者哺乳期女职工，具体如表5-12所示。

表5-12 孕期、哺乳期的女职工不得从事的劳动范围

序号	类别	不得从事的劳动范围
1	孕期女职工	孕期女职工不得从事的劳动范围包括： （1）工作场所空气中铅及其化合物、汞及其化合物、苯、镉、铍、砷、氰化物、氮氧化物、一氧化碳、二硫化碳、氯、己内酰胺、氯丁二烯、氯乙烯、环氧乙烷、苯胺、甲醛有毒物质浓度超过国家卫生标准的行业 （2）制药行业中从事抗癌药物及己烯雌酚的作业 （3）工作场所放射性物质超过《电离辐射防护与辐射源安全基本标准》（GB18871）中规定剂量的作业 （4）人力进行的土方和石方作业；《工作场所有害因素职业接触限值》（GBZ2.2—2007）中第Ⅲ级体力劳动强度的作业 （5）伴有全身强烈振动的作业，如风钻、捣固机、锻造等作业，以及拖拉机驾驶等 （6）工作中需要频繁弯腰、攀高、下蹲的作业，如焊接作业 （7）《高处作业分级》（GB/T 3608）所规定的高处作业
2	哺乳期女职工	哺乳期女职工不得从事的劳动范围包括： （1）工作场所空气中铅及其化合物、汞及其化合物、苯、镉、铍、砷、氰化物、氮氧化物、一氧化碳、二硫化碳、氮、己内酰胺、氯丁二烯、氯乙烯、环氧乙烷、苯胺、甲醛有毒物质浓度超过国家卫生标准的行业 （2）《工作场所有害因素职业接触限值》（GBZ2.2—2007）所规定的体力劳动强度分级第Ⅲ级体力劳动强度的作业 （3）工作场所空气中锰、氟、溴，甲醇、有机磷化合物、有机氯化合物的浓度超过国家卫生标准的作业

5.2.7 给予从事接触职业病危害作业的职工适当岗位津贴

岗位津贴应参照国家现有岗位津贴标准发放，建设项目设计应按国家标准将岗位津贴纳入职业健康项目设计进行概算，增加岗位职工生理健康保健投入，保障职工健康权益。生产和施工企业应按照国家标准足额发放岗位津贴。岗位津贴（保健费）的发放标准应以制度方式确定，并在与员工签订的劳动合同中予以明确。

在此，提供一份某企业有毒有害岗位保健费实施办法，仅供读者参考。

范本5.12

有毒有害岗位保健费实施办法

有毒有害作业是化工生产的特点之一，有毒有害作业与无毒无害作业的工人，其劳动条件和劳动付出存在明显的差别。按照相关法律法规的规定特制定本实施办法。

一、实施有毒有害岗位保健费的范围

原则上按照原化工部颁发的（78）化劳738号《有毒有害作业工种范围表》和（86）化劳923号《有毒有害作业工种范围补充表》执行，即以常年直接从事化工有毒有害作业的一线工人为津贴的主要对象。

二、有毒有害岗位保健费的类别与标准

依据国家标准《有毒作业分级》（GB12331—1990），即根据生产性毒物毒性的大小、作业环境毒物超标浓度、有毒作业劳动时间以及毒物的实际危害人体健康程度，公司所有岗位分为三类。生产性毒物的危害程度按《职业性接触毒物危害程度分级》（GBZ 230—2010）予以确定。

1. 凡是接触蓄积性毒物，可能影响人体内脏、血液、神经系统的工作岗位，列为一类。

2. 凡是接触蓄积毒物，用量小、毒性小，可能对人体造成危害的工作岗位，列为二类。

3. 凡是接触刺激性毒物，可能对人体造成危害的工作岗位，列为三类。

各类日保健费标准为：一类_____元；二类_____元；三类_____元

三、保健费资金来源

化工有毒有害作业岗位津贴是对常年直接从事有毒有害作业职工的一种工资性补偿，津贴在工资基金下开支，列入生产成本。

四、发放和管理

1. 有毒有害作业岗位津贴以从事有毒有害作业的实际天数计算，按月发放。

2. 改进了工艺、设备或经过治理，改善了有毒有害作业岗位劳动条件的，岗位津贴应按新的条件重新评定，调整等级。

3. 建立健全员工健康档案，加强员工健康监护。

4. 有毒有害作业岗位津贴作为一种工资性补偿，是工资的组成部分，计入退休费计算基数。

5.3 职业病危害因素检测

职业病危害因素检测（以下简称检测）包括工作场所空气中有害因素（有毒物质、粉尘和生物因素）的空气样品采集、运输、保存、检验；物理因素测量，以及检测档案管理。

5.3.1 检测工作类别

检测工作类别包括日常检测、评价检测、监督检测、事故性检测。

检测的类型与检测要求如表5-13所示。

表5-13 检测的类型与检测要求

序号	类别	适用范围	具体要求
1	日常检测	适用于对工作场所空气中有害物质浓度及物理因素强度进行的日常定期检测	（1）在评价职业接触限值为时间加权平均容许浓度时，应该选定有代表性的采样点，在1个工作班不同生产时间进行采样；或选定有代表性的采样对象，在空气中有害物质浓度最高的工作日采样1个工作班 （2）在评价职业接触限值为短时间接触容许浓度或最高容许浓度时，应该选定具有代表性的采样点，在一个工作班内空气中有害物质浓度最高的时段进行采样 （3）在评价物理因素强度时，应该选定有代表性的测量点，在1个工作班不同生产时间进行测量；或选定有代表性的测量对象，测量1个工作班
2	评价检测	适用于建设项目职业病危害因素预评价、建设项目职业病危害因素控制效果评价和职业病危害因素现状评价等	（1）在评价职业接触限值为时间加权平均容许浓度时，应该选定有代表性的采样点，在不同生产时间连续采样3个工作日；或选定有代表性的采样对象，连续采样3个工作日。其中应该包括空气中有害物质浓度最高的工作日 （2）在评价职业接触限值为短时间接触容许浓度或最高容许浓度时，应该选定具有代表性的采样点，在一个工作日内空气中有害物质浓度最高的时段进行采样，连续采样3个工作日 （3）在评价物理因素强度时，应该选定有代表性的测量点，在不同生产时间连续测量3个工作日；或选定有代表性的测量对象，连续测量3个工作日
3	监督检测	适用于卫生监督机构对公司工作场所空气中有害物质浓度及物理因素强度进行的监督检测	（1）在评价职业接触限值为时间加权平均容许浓度时，应该选定具有代表性的工作日和采样点或采样对象进行采样 （2）在评价职业接触限值为短时间接触容许浓度或最高容许浓度时，应该选定具有代表性的采样点，在一个工作班内空气中有害物质浓度最高的时段进行采样 （3）在评价物理因素强度时，应该选定有代表性的测量点，或有代表性的测量对象进行测量
4	事故性检测	适用于对工作场所发生职业危害事故时进行的紧急采样检测	根据现场情况确定采样点，监测至空气中有害物质浓度低于短时间接触容许浓度或最高容许浓度为止

5.3.2　检测时段与周期的选择

（1）检测时段的选择。检测时段的选择应该遵循以下原则。

①检测必须在正常工作状态和环境下进行，避免人为因素的影响。

②空气中有害物质浓度随季节发生变化的工作场所，应该将空气中有害物质浓度最高的季节选择为重点采样季节。

③在工作周内，应该将有害因素浓度（强度）最高的工作日选择为重点检测日。

④在工作日内，应该将有害因素浓度（强度）最高的时段选择为重点检测时段。

⑤常年从事接触高温作业，应该在最热季节测量；不定期接触高温作业，应该在工期内最热月测量；从事室外作业，应该以夏季最热月晴天有太阳辐射时测量。

（2）检测周期的选择。检测周期的选择应该遵循以下原则。

①检测项目为《高毒物品目录》中的高毒化学物，至少每个月监测一次。

②检测项目为《高毒物品目录》外的其余化学物质或粉尘，每年至少监测一次。

③检测项目为物理因素，每年至少测量一次。

④对于检测结果不符合国家职业健康接触限值的监测地点或岗位，应该适当增加检测次数。

5.3.3　检测的前期工作

（1）签订检测委托协议书。企业应委托具有职业健康技术服务资质的机构对工作场所进行职业病危害识别、风险评估及检测。

为保障检测工作的规范进行，企业应与职业健康技术服务机构签订委托协议书。协议书内容包括检测项目、检测时间、检测地点或岗位、检测报告书出具方式、费用结算等。

在此，提供一份某企业的职业病危害因素委托检测协议书，仅供读者参考。

范本5.13

职业病危害因素委托检测协议书

甲方：＿＿＿＿＿＿＿＿＿＿＿

委托检测事项：职业病危害因素检测。

乙方：＿＿＿＿＿疾病预防控制中心

委托检测事项：氯气、铝尘、氢氧化钠等化学危害因素及噪声、热辐射等物理危害因素进行检测。

一、甲方的权利与义务

1. 必须以书面形式明确表明所要委托检测的事项。

2. 必须按委托事项要求提供齐全的技术资料。

3. 按委托协议要求缴纳评价检测费用，在协议规定时间足额缴纳。协议缴纳检测费用为＿＿＿＿元整，缴纳时间＿＿＿＿年＿＿月。

4. 增加或减少委托事项时，应以书面形式提出。

5. 指派相关人员配合乙方开展现场调查评价检测，并如实回答乙方人员提出的相关技术问题。

6. 有权要求乙方对提供的技术资料进行保密。

7. 有权对乙方所实施的现场评价检测行为提出质疑。

8. 有权对乙方出具的调查、检测报告提出疑义。

二、乙方的权利与义务

1. 热情接待、优质服务、技术规范。

2. 对甲方提供的技术资料负有保密责任。

3. 如甲方提供的技术资料不全，应及时主动要求甲方提供。

4. 严格按法律法规、技术规范、标准要求，为甲方提供及时评价（检测）技术服务，出具评价（检测）时间为：＿＿＿月＿＿＿日。

5. 严格执行收费标准及收费行为规范。

6. 主动接受委托方的监督，及时受理甲方对服务事项、结果提出的异议。

7. 有权拒绝甲方提出的不符合有关规定的要求。

8. 有权拒绝接收甲方不按规范要求提供的相关材料。

此协议甲乙双方必须遵照执行，如有变更，需经甲乙双方共同协商后方可变更。

此协议一式两份，甲、乙双方各执一份，自签订之日起生效。

甲方（盖章）：　　　　　　　　　　　乙方（盖章）：

甲方代表（签字）：　　　　　　　　　乙方代表（签字）：

签订日期：　　　年　　月　　日　　　签订日期：　　　年　　月　　日

（2）向检测机构提供相应资料。企业应向职业健康技术服务机构如实提供生产工艺流程、主要原辅材料、产品、职业病危害防护设施、个人防护措施、岗位设置及接触时间等相关资料，如表5-14、表5-15所示。

表5-14　生产工艺流程图简介

调查日期		主要产品名称		主要产品年产量	
其他产品及年产量					

注：工艺流程图以方框图表示。

表5-15　职业病危害监测点示意图

	序号	作业区/工段	危害因素种类	监测点名称
职业病危害监测点图				

注：职业病危害因素序号：

1. 粉尘类：1-1其他粉尘；1-2砂尘、1-3煤尘、1-4石灰石尘、1-5水泥尘。

2. 物理因素类：2-1高温、2-2噪声、2-3局部振动、2-4微波、2-5工频电场、2-6高频电磁场、2-7 γ 射线、2-8X射线。

3. 毒物类：3-1一氧化碳、3-2苯系物、3-3硫酸、3-4硝酸、3-5氢氟酸、3-6盐酸、3-7氮氧化物、3-8酚、3-9萘、3-10焦炉逸散物、3-11氨、3-12氯气、3-13二氧化硫。

4. 其他危害因素。

5. 危害因素序号应在工艺流程图上标注。

5.3.4　实施检测

（1）现场检测时提供必要协助。开始现场检测时，公司检测部门应该提供必要协助，并对工作场所生产运行状况及职工职业接触情况负责；职业健康技术服务机构对检测过程和结果负责。

（2）检测的工作要求。检测工作应该满足以下要求。

①工作场所有害物质职业接触限值对采样（测量）的要求。

②职业健康评价对检测的要求。

③工作场所环境条件对检测的要求。

④选择量程和频带覆盖面适合于所检测对象的检测仪器，并在检测前根据仪器校正要求对检测仪器校正。

⑤检测的同时应该做对照试验，即将空气收集器带至采样点，除不连接空气采样器采集空气样品外，其余操作同样品，作为样品的空白对照。

⑥检测时应该避免有害物质直接飞溅入空气收集器内；空气收集器的进气口应该避免被衣物等阻隔；用无泵型采样器采样时应该避免风扇等直吹。

⑦在易燃、易爆工作场所采样（测量）时，应该采用防爆型仪器。

⑧采样过程中应该保持检测流量稳定。长时间检测时应该记录检测前后的流量，计算采样体积时用流量均值。

⑨工作场所空气样品的采样体积，在检测点温度低于5℃和高于35℃、大气压低于98.8千帕和高于103.4千帕时，应该将采样体积换算成标准采样体积。

⑩在样品的采集、运输和保存的过程中，应该注意防止样品的污染。

⑪检测时，检测人员应该注意个体防护。

⑫检测时，应该边检测边记录，所记录的参数应该能满足评价分析需要。

5.3.5 检测结果报告

（1）职业健康技术服务机构应该在规定时间内根据现场检测结果和实验室检验结果，及时出具《检测报告书》。有特殊情况需要延长的，应该说明理由，并书面告知企业。

（2）安全管理机构应建立检测结果档案。

（3）每次检测结果应及时上报公司主管领导及所在地职业健康行政管理部门。

（4）每次检测结果应及时公示，公示地点为检测点及人员较集中的公共场所（如食堂），公示内容包括检测地点、检测日期、检测项目、检测结果、职业接触限值、评价等。如表5-16、表5-17所示。

表5-16 职业病危害因素日常检测记录

编号：　　　　　　　　　　　　　　　　　　　　检测人：

序号	职业病危害岗位	检测项目									
		噪声/分贝	温度/℃	其他粉尘/（微克/米^3）	盐酸（是否泄漏）	氢氧化钠（是否泄漏）	一氧化碳（FS）	活性炭粉尘/（微克/米^3）	煤尘/（微克/米^3）	氨（气味）	硫化氢（FS）
1	配料	—		—	—	—	—		—	—	—
2	液化		—			—	—	—		—	—
3	脱色过滤	—								—	—
4	离子交换										
5	蒸发浓缩										
6	异构										
7	色谱分离					—				—	—
8	罐装		—			—	—	—		—	—
9	锅炉房		—			—	—	—		—	—
10	污水处理站	—				—	—	—		—	—
11	循环冷却水	—				—	—	—		—	—
12	库房	—				—	—	—		—	—
13	检查结果										

表5-17 职业病危害监测结果一览表

检测日期	危害因素名称	监测点数	合格点数	合格率	未监测点原因	超标原因

注：1. 每季分危害因素种类分别记录。

2. 未监测原因应注明。

3. 超标原因应在表中列出。

在此，提供一份职业病危害因素检测与评价结果报告，仅供读者参考。

范本5.14

职业病危害因素检测与评价结果报告

××卫生局、卫生监督所：

我厂委托××机构（已取得相应资质的职业健康技术服务机构名称），于_____年____月____日对我厂工作场所进行了职业病危害因素的检测与评价，现将结果上报（见检测评价报告书）。

对工作场所职业病危害因素不符合国家职业健康标准和卫生要求的岗位，我们已采取相应的治理措施（应详细列举具体措施），治理后的效果我厂将委托××机构重新检测评价后上报。

附：《检测评价报告书》

××厂（盖章）

_____年____月____日

第**6**章
职业危害事故应急预案与演练

　　企业要想真正地确保职业卫生安全，就必须要抓好事故应急救援工作。

本章导视

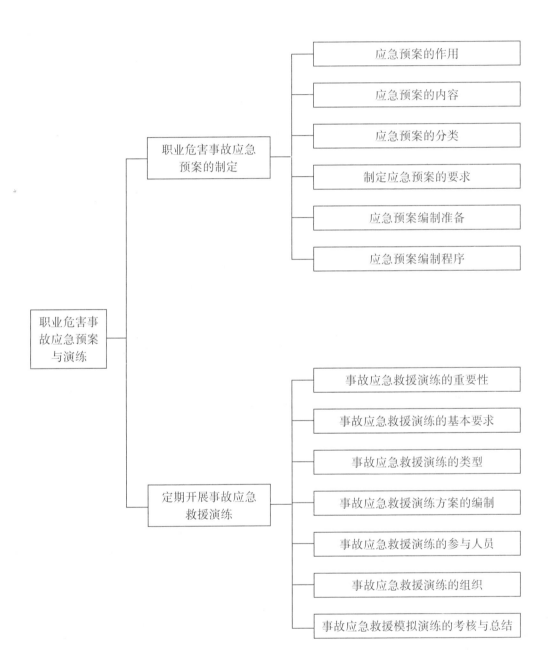

职业危害事故应急预案与演练

职业危害事故应急预案的制定
- 应急预案的作用
- 应急预案的内容
- 应急预案的分类
- 制定应急预案的要求
- 应急预案编制准备
- 应急预案编制程序

定期开展事故应急救援演练
- 事故应急救援演练的重要性
- 事故应急救援演练的基本要求
- 事故应急救援演练的类型
- 事故应急救援演练方案的编制
- 事故应急救援演练的参与人员
- 事故应急救援演练的组织
- 事故应急救援模拟演练的考核与总结

6.1 职业危害事故应急预案的制定

应急预案是针对可能发生的事故，为迅速、有序地开展应急行动而预先制定的行动方案。

6.1.1 应急预案的作用

应急预案是应急准备工作的核心内容，是及时、有序、有效地开展应急救援工作的重要保障。有了应急预案，可以使应急准备和应急管理不再无据可依、无章可循；有利于做出及时的应急响应，降低突发事件后果的程度。

6.1.2 应急预案的内容

（1）明确组织和个人的有关责任，在紧急情况超越了某个机构的能力或常规职责时，在预定的时间和地点采取特定的行动。

（2）说明各自权限以及机构之间的关系，说明如何协调所有的行动。

（3）描述紧急情况和灾难发生时如何保护生命和财产安全。

（4）明确辖区内（单位内）在应急响应和恢复行动中可以利用的人员、设备、设施、物资和其他资源。

（5）明确应急响应和恢复行动过程中实施减灾的步骤。

6.1.3 应急预案的分类

企业应急预案可分为表6-1所示的三类。

表6-1 应急预案的分类

序号	类别	具体说明
1	综合应急预案	从总体上阐述处理事故的应急方针、政策，应急组织结构及相关应急职责，应急行动、措施和保障等基本要求和程序，是应对各类事故的综合性文件
2	专项应急预案	针对具体的事故类别（如煤矿瓦斯爆炸、危险化学品泄漏等事故）、危险源和应急保障而制订的计划或方案，是综合应急预案的组成部分，应按照综合应急预案的程序和要求组织制定，并作为综合应急预案的附件。专项应急预案应制定明确的救援程序和具体的应急救援措施
3	现场处置方案	针对具体的装置、场所或设施、岗位所制定的应急处置措施。现场处置方案应具体、简单、针对性强。现场处置方案应根据风险评估及危险性控制措施逐一编制，做到事故相关人员应知应会，熟练掌握，并通过应急演练，做到迅速反应、正确处置

6.1.4 制定应急预案的要求

企业要制定既有可操作性，又能指导安全工作实践的应急处理预案，必须做到以下几点。

（1）必须坚持"安全第一、预防为主"的思想，落实好本职本岗位中的安全生产责任制，提高工作中与安全要素方面密切相关的工作能力，积极做好工作前安全风险分析事宜，要互相关心、互相提醒、互相监督，不断提高自我保护能力，全面地掌握与认识企业生产事故发生的复杂性、突发性和严重性。

（2）要结合企业多年来的事故案例，以及生产岗位上的隐患，经主管安全和有关部门自下而上反复研究，以及自上而下地进行磋商、研究等，制定出检修、施工和生产操作过程中预防事故与处理问题的应急措施与预案，以快速处置企业生产中突发事件。

（3）本着"责任重于泰山"的理念，加强安全专业部门与企业决策层的沟通与联系，积极做好相关应急预案的具体管理工作，加大宣传教育力度，促使员工认真遵守执行、严格细致操作，积极参与，达到落实好实施好本岗位的应急预案机制的要求。

（4）要不断完善企业的安全应急管理合作体系，提高各级领导干部和员工临时处置生产过程和维护检修与施工中的突发事件的应急处理能力。因地制宜设立指挥组织机构及应急联络系统，要模拟出生产岗位、设施损坏程度及操作人员及时处理事故预案的情况，实施预防事故和抢险救援的组织指挥程序等环节，并进行现场处置和实际演练等。通过预防事故发生的实际演练活动，提高员工应对各种突发事件的能力，确保企业在事故应急情况下，避免或减少人员伤害和降低企业财产损失程度。

6.1.5 应急预案编制准备

应急预案编制准备应包括以下内容。

（1）全面分析企业、部门的危险因素、可能发生的事故类型及事故的危害程度。

（2）排查事故隐患的种类、数量和分布情况，并在隐患治理的基础上，预测可能发生的事故类型及其危害程度。

（3）确定事故危险源，进行风险评估。

（4）针对事故危险源和存在的问题，确定相应的防范措施。

（5）客观评价企业、部门应急能力。

（6）充分借鉴国内外同行业事故教训及应急工作经验。

6.1.6 应急预案编制程序

应急预案的编制程序如图6-1所示。

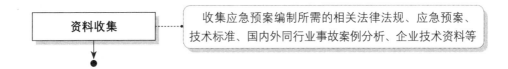

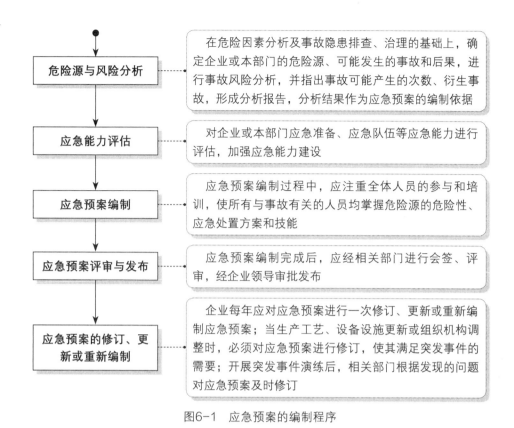

图6-1 应急预案的编制程序

在此，提供几份职业病危害事故应急救援预案，仅供读者参考。

范本6.01

某企业职业病危害事故应急救援预案

一、基本情况

（一）危险性分析

本公司是一个以生产硫酸及其衍生产品为主的大型化工企业，工艺流程复杂，具有易燃、易爆、有毒有害及生产过程连续性的特点。主要产品有硫酸、液体二氧化硫、三氧化硫、盐酸、氯磺酸等品种。主要原料有硝酸。上述物质在突然泄漏、操作失控的情况下，存在着火灾爆炸、人员中毒、被酸灼伤等严重事故的潜在危险。本公司化学事故发生可能性最大的是危险化学品储槽泄漏或操作失误导致失控泄漏的危险。

（二）公司内应急设施及人员状况

本公司已经成立职业病防治领导小组，在员工进公司前对其进行职业病危害因素告知制度，在进公司后按规章制度组织三级安全教育和培训，定期（每年1次）或不定期（根据需要随时进行）开展职业健康抽查，努力提高员工自身素质和应变能力。本公司各车间、岗位配备医疗急救箱。

（三）公司内消防设施分布

公司内消防设施分布（略）。

二、重大危险源（要害部位）的确定及分布

根据本公司生产、使用、储存化学危险品的品种、数量、危险性质以及可能引起重大事故的特点，确定以下5个危险场所（设备）为重大危险源（特级要害部位）。

1#重大危险源（特级要害部位）：盐酸储槽

2#重大危险源（特级要害部位）：二氧化硫储槽

3#重大危险源（特级要害部位）：三氧化硫中间槽

4#重大危险源（特级要害部位）：氯磺酸储槽

5#重大危险源（特级要害部位）：重油中间储槽

三、应急救援指挥部的组成、职责和分工

（一）指挥机构

公司成立职业病防治领导小组，由总经理、营运总监及管理部、安全环保部、保障部、制造部、销售部、储运部、财务部等部门领导组成，发生重大事故时，以指挥领导小组为基础，即职业健康应急救援指挥小组，负责全公司应急救援工作的组织和指挥，指挥部设在生产调度室。具体如下。

职业病防治领导小组成员

组长：

副组长：

成员：

医疗救护队

×××、×××。并配备小车一部。

抢修队

×××、×××

如果组长不在公司时，由副总组长为临时总指挥，全权负责应急救援工作。

（二）职责

指挥领导小组职责如下。

（1）负责本单位"预案"的制定和修订。

（2）组建应急救援专业队伍并组织实施和演练。

（3）检查督促做好重大事故的预防措施和应急救援的各项准备工作。

（4）发生事故时，由指挥部发布和解除应急救援命令、信号。

（5）组织指挥救援队伍实施救援行动。

（6）向上级汇报和向友邻单位通报事故情况，必要时向有关单位发出救援请求。

（7）组织事故调查，总结应急救援工作的经验教训。

（三）指挥部人员分工

指挥部人员分工如下表所示。

指挥部人员分工

序号	人员类别	分工
1	总指挥	组织指挥全公司的应急救援工作。发生事故时，负责发布和解除应急救援命令、信号；为公司事故应急救援体系第一负责人，对本公司的事故应急救援工作负全面责任
2	副总指挥	协助总指挥负责应急救援的具体指挥工作。负责开、停车命令的发布，以及人员撤离、抢救、设备抢修等具体工作的安排布置
3	管理部经理	负责车辆调动、抢救受伤、中毒人员的生活必需品供应、外部联系、协调、外部救助
4	储运部经理	负责抢险救援物资的供应和运输工作
5	销售部经理	负责伤员送医的车辆运送，协助管理部做好其他临时工作
6	安全环保部经理	总结应急救援工作的经验教训。负责事故现场的警戒，交通、车辆和人员管制，人员疏散指挥，演习现场的摄像工作，事故的调查取证工作，对事故的原因进行分析，向公司提出改进建议和对事故责任者提出处罚意见
7	保障部经理	协助总指挥负责工程抢险，抢修现场的建筑物、构筑物、设备、电气、通讯设备
8	制造部经理	负责向公司高管报告并及时地传达相关指令，负责事故处置时生产系统开、停车调度工作；负责事故现场及有害物质扩散区域内的洗消及事故处理的组织工作
9	质管中心经理	对下风扩散区域及事发现场进行监测，确定并及时向总指挥汇报结果
10	义务消防队长	负责指挥事故现场的消防救灾、人员疏散、人员清理、警戒保卫和车辆交通管制等工作
11	医疗救护队长	负责抢救受伤、中毒人员的生活必需品的供应，以及与医疗救护有关的内部、外部联系、协调、外部救助工作。负责救护车辆的安排到位
12	财务部经理	负责应急处理的财务支出预算、结算工作

（四）各专业救援组职责及分工

（1）最早发现事故者应立即向车间、公司高管、疾控中心报告，并采取一切办法切断事故源。

（2）车间接到报告后，应迅速通知有关车间、部门，要求查明事故部门及发生原因，下达按事故应急救援预案处置的指令，同时通知指挥部成员及疾控中心和各专业救援队伍迅速赶往事故现场。

（3）指挥中心成员通知所在部门按专业对口要求，迅速向上级主管安全、劳动、环保、卫生等的领导机关报告事故情况。

（4）发生事故的车间，应迅速查明事故发生的源点，泄漏部位和原因，凡能通过切断物料或倒槽等处理措施而消除事故的，则以自救为主。如泄漏部位或事故状态不能控制的，应向指挥部报告，并提出堵漏或抢修的具体措施。

（5）急救人员到达现场后，应佩戴好防毒面具等相应的防护用品，首先查明事故现场有无人员中毒，以最快速度将中毒者转移出现场，严重者尽快送医院抢救。

（6）指挥组成员到过现场后，根据事态发展及危害程度，作出相应的应急规定，并命令各应急救援队立即开展救援，如事故扩大时，应请求外援。

（7）制造部、安全员到达现场后，会同发生事故的单位，在查明泄漏部位和范围后，视能否控制，作出局部或全部停车决定。若需紧急停车则按紧急停车操作程序通过三级调度网，即公司调度室、车间主任、班长来执行。

（8）治安队到达现场后，负责治安和交通指挥，组织纠察，在事故现场周围设岗，划分禁区并加强警戒和巡逻检查，如有有毒气体扩散危及到公司内外人员安全时，应迅速组织有关人员协助友好单位、公司外过往人员在区、市指挥部人员指挥协调下，向上侧风方向的安全地带疏散。

（9）医疗救护人员到达事故现场后，与疾控中心人员配合，应立即救护伤员和中毒人员，对中毒人员应根据中毒症状及时采取相应的急救措施，对伤员进行清洗包扎或输氧急救，及时送往医院抢救。

（10）质检中心人员到达事故现场后，应迅速查明毒物浓度和扩散情况，根据当时风向、风速，确定扩散方向和速度，并对下风扩散区域进行监测，确定结果，并将监测情况及时向指挥部报告。必要时，根据指挥部命令，通知扩散区域内人员撤离或指导采取简单有效的保护措施。

（11）抢险救援队伍到达现场后，根据指挥部下达的抢险指令，迅速进行设备抢修，控制事故，以防事故扩大。

（12）当事故得到控制时，立即成立两个专门工作组。第一组，在营运总监指挥下，组成由设备动力、机修、电仪和发生事故车间参加的抢修小组，研究制定抢修方案并立即组织抢修，尽早恢复生产，夜间发生事故，由公司调度室按照应急预案组织指挥事故处置和落实抢修任务。第二组，在首席营运总监指挥下，组成由安全保卫、制造部、保障部、质检中心部和发生事故车间参加的事故调查小组，调查事故原因及制定防范措施。

四、信号规定

公司救援信号主要使用电话报警联络，公司联络电话如下表所示。

公司联络电话

姓名	部门（职务）	电话	部门	电话
陈××	总经理		园区医务室	
刘××	副总经理		疾控中心电话	
李××	制造部经理		园区警务室	
杨××	保障部经理		保卫值班室	
万××	安环部经理		园区安全办	
齐××	管理部经理		化工园区环保办	

五、其他规定和要求

为能在事故发生后迅速准确、有条不紊地处理事故，尽可能减少事故造成的损失，平时必须做好应急救援准备工作，落实岗位责任制和各项制度，具体措施如下。

（1）落实应急救援组织，救援指挥部成员和救援人员应按照专业分工，本着专业对口、便于领导、便于集合和开展救援的原则，建立组织，落实人员，每年年初要根据人员变化进行组织调整，确保救援组织的落实。

（2）按照任务分工做好物资器材准备，如必要的指挥通讯、报警、消防和抢修等器材及交通工具。

（3）定期组织救援训练和学习，提高救援能力。

（4）对公司员工进行经常性的应急常识教育。

（5）建立完善各项制度

①值班制度。建立昼、夜值班制度。

②检查制度。每月结合安全生产工作检查，定期检查应急救援工作落实情况及器具保管情况。

六、安全准备工作

（1）通信畅通。在试生产、正式生产过程中所有内线电话畅通无阻。

（2）消防设施器材齐全到位并处于完好状态，关键岗位灭火器材、设施分布如下：略。

（3）应急灯、手电筒完好并配备齐全。

（4）过滤式氧气呼吸器配备7套。其中三氧化硫车间一套，储运部放酸班一套，STS操作室内一套，二氧化硫车间两套，氯磺酸操作室内两套。

（5）入岗人员按规定穿戴好防护用具。

（6）配备必要的应急处理药品（如医用5%碳酸氢钠溶液、湿润烧伤膏）统一放入操作室专用柜、公司检测中心。5%碳酸氢钠溶液具体分布如下：略。

七、事故设想及处理措施

（一）二氧化硫中毒

（1）原因分析。设备老化腐蚀严重；视镜、管道破裂；阀门操作时损坏；法兰垫片老化；作业人员违规操作。

（2）处理措施。发生事故的车间，在车间主任的带领下，穿戴好防毒面具及其他相关防护用品，一方面，立即将中毒者、摔伤员工搬至上风向安全地带，并向有关部门汇报情况，等待医疗救护队到来。另一方面，迅速查明事故发生的源点、泄漏部位和原因，通过关闭泄漏源两端阀门、切断物料、倒槽的方法处理，并同时开启槽顶水幕喷淋装置或使用雾状水以吸收稀释空气中二氧化硫毒气浓度。

（3）防范措施。加强设备保养和巡回检查，安装报警装置并保持完好有效。槽内压力控制在0.6兆帕以下。备一同样体积的大槽。

（4）人员撤离路线。无关人员立即向上风向撤离至安全区域。

（二）盐酸储槽泄漏

（1）处理。立即按相关操作规程紧急将槽内物料转移到备用槽；人员紧急撤离到安全地带，抢救伤员，立即联系医院急救；向主管领导和公司高层报告事故的原因、部位、经过；积极扑灭火情，抢救公司财产，控制事故扩大，尽量减少损失；对事故的原因进行调查分析、落实责任、预防措施，对事故处理坚持"四不放过"原则。

（2）防范措施。确保自动报警系统准确、灵敏、可靠，加强对上岗人员的安全技术培训，努力提高操作人员的技术水平及分析、判断、预防事故的能力。加强巡回检查，确保液位计、抽气系统、压力表处于正常状态。

（三）喷酸伤人事故

（1）处理。立即关闭喷酸设备相关进出阀门，然后立即脱去受伤者被污染的衣物，再用大量的流动的清水冲洗15分钟以上，再用5%的碳酸氢钠溶液冲洗，视伤情决定是否将受伤者送医院，如果眼睛被酸碱灼伤，应用流动清水冲洗（水压不要太高，以防冲坏眼角膜）15分钟以上，并要不断转动眼球，也可把面部浸入盆中，拉开眼睑左右摇动，将头部酸碱冲去后，然后送医院治疗。待伤者送入医院治疗后抢修喷酸管线。

（2）防范措施。员工进入生产区特别是酸管线附近时，一定要按规定穿戴好劳动防护用品，如安全头盔等；巡回检查时，应注意周围的变化，夜间携带一定的照明工具；检修时联系好有关岗位抽尽余酸，并要戴好防酸面罩和防护用品；对容易泄漏的储罐、管道、阀门、法兰勤检查，发现事故隐患及时整改，绝不留下事故隐患；装酸登高作业时，要防止平台栏杆残缺、腐蚀现象，特别是夜间进行酸作业要有足够的照明。

（四）吸入硫酸钾粉尘

（1）健康危害。以呼吸道吸入为主，也可经皮肤吸收。硫酸钾毒性甚低，生产中不致引起急性中毒。硫酸钾粉尘有时可引起眼结膜炎，并对敏感者的皮肤引起湿疹，硫与皮肤分泌物接触，可形成硫化氢和五硫磺酸，对皮肤有刺激作用，也能经无损皮肤吸收。（吸入硫酸钾粉尘的急性作用包括鼻黏膜的卡他性炎、有气管支气管炎，呼吸困难，持续咳嗽、咳痰，有时痰中带血。有时可并发哮喘，如影响上颌及额窦时，可产生全鼻窦炎的临床症状。如溅入眼睛可引起流泪、羞明或结膜炎、睑结膜炎，曾有对眼睛晶状体损伤的报道。根据密切接触史，短时间出现以呼吸系统损害为主的临床表现，参考现场卫生学调查，排除类似表现的疾病，综合分析，进行诊断。）

（2）侵入途径。以呼吸道吸入为主，也可经皮肤吸收。主要用作为农作物提供生长所需的养分。

（3）泄漏处理。因硫酸钾引起的支气管卡他性炎症，可用祛痰剂和安息香酊类止咳药。哮喘发作时应对症处理。如眼或皮肤受污染，应用清水冲洗，并转眼科、皮肤科处理。

（五）液体三氧化硫、氯磺酸泄漏事故

（1）三氧化硫或氯磺酸泄漏后，可能造成重大人员伤亡或伤害，波及周边范围，无风向500米左右，顺风向2000米左右。

（2）应急处理。立即通知调度室，请求启动应急救援预案；在安全的情况下采取一切办法，切断事故源或将物料转移至其他储槽，设立警戒线，禁止无关人员进入污染区；疏散泄漏污染区人员至上风口；应急处理人员应戴自给式呼吸器，穿化学防护服，禁止直接向泄漏物喷水，在技术人员的指导下进行清除处理工作。

（3）防范措施。重点巡查设备每小时检查1次，做好记录；按设备检测周期定期对设备进行检测，安装应急管线和阀门，事故发生时立即放料于备用槽，安装强力风机，与尾气排放系统连接，防护用品和药品齐全、足量、有效，员工能正确使用呼吸器，应急时能进入现场施以救援和切断事故源。

（六）重油储槽着火事故

（1）原因分析。蒸汽保温或预热系统温度控制过高。

（2）应急处理。立即关掉蒸汽保温或预热蒸汽阀门，用干粉、泡沫和二氧化碳式灭火器或干沙土对着火源进行灭火，迅速将储槽内余料打入备用槽。

（3）防范措施。将储槽列为重点设备每小时巡查1次并做好记录，严格控制槽内温度，建一个同样体积的大槽作备用。

附件一：重大事故报告程序

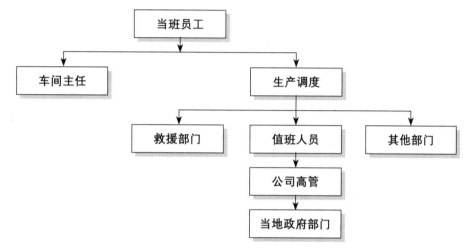

附件二：重大事故指挥程序

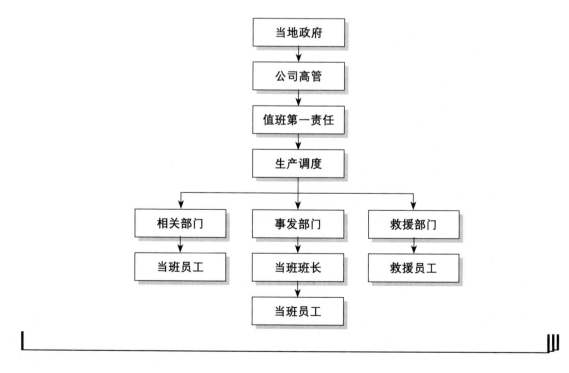

范本6.02

<h1 style="text-align:center">职业病现场处置方案</h1>

1. 事故特征

在建筑施工过程中主要有：筛白灰、石棉保温、水泥装卸搬运、喷砂除锈等作业，此类工作易产生粉尘、有毒烟尘等危害因素，易造成人员尘肺病和其他职业病事故。

1.1 危险性分析

1.1.1 现场筛白灰。在现场筛白灰作业中，只有按照安全技术操作规程进行作业，才能保证作业人员的身体健康和安全。如若出现以下情况，均可导致职业病事故的发生。

（1）作业时未佩戴防尘用品。

（2）堆放场地未采取遮盖措施。

1.1.2 现场石棉保温作业。在现场石棉保温作业中，只有按照《建筑业安全卫生公约》的相关规定，才能保证作业人员的身体健康和安全。如若出现以下情况，均可导致职业病事故的发生。

（1）作业时未穿戴紧口工作服、防护帽、防护鞋、手套、口罩、护目镜等防护用品。

（2）作业场所通风不良，未采取相应的防护措施。

1.1.3 现场搬运装卸水泥。在现场搬运装卸水泥作业中，应按照安全技术操作规程进行作业，才能保证作业人员的身体健康和安全。如若出现以下情况，均可导致职业病事故的发生。

（1）作业时未佩戴防尘用品。

（2）库房通风不良。

1.1.4 焊接作业。在焊接作业中，作业人员应严格执行《中华人民共和国职业病防治法》，并严格遵守焊接作业操作规程，才能保证作业人员的身体健康和安全。如若出现以下情况，均可导致职业病事故的发生。

（1）焊接作业时没有佩戴电焊面罩、电焊专用手套，没有穿绝缘鞋。

（2）在室内或管道、容器内焊接作业时，未采取通风和防护措施。

1.1.5 喷砂除锈作业。在钢结构喷砂除锈作业中，只有严格遵守《中华人民共和国职业病防治法》，并严格遵守安全技术操作规程，才能保证作业人员的身体健康和安全。如若出现以下情况，均可导致事故的发生。

（1）作业时未穿戴紧口工作服、防护帽、防护鞋、手套、防尘面具、护目镜等防护用品。

（2）作业场所未定期洒水降尘和清扫。

（3）除锈设备未定期检验检测和危险保养。

1.1.6 各项安全防护措施不符合规范要求。

1.2 事故发生的区域、地点或装置名称

建筑施工中易发生职业病的区域、地点有：水泥库、喷砂除锈、电气焊作业区、管道石棉保温作业区等。

2. 应急组织与职责

2.1 工程项目部负责人

掌握事故动态，控制事故蔓延发展，及时准确向上级报告。

2.2 现场施工管理人员

（1）联系附近医院，告知事故发生地点和所需救援车辆。

（2）立即联系工班组长，组织救援。

（3）电话通知工程项目部主要领导。

2.3 施工班组长

组织现场劳务人员一方面对受伤人员进行紧急救援，另一方面保护事故现场，严禁无关人员入内。

2.4 劳务人员

即在施工现场的所有施工人员听从指挥和安排，做好救援工作和警戒工作。

2.5 现场安全员

组织人员疏导交通，引导救护车辆入场。

3. 应急处置

3.1 事故应急处置程序

3.1.1 事故报告与救援组织分工。发生事故后，现场发现人应立即通知现场项目经理和现场施工管理人员或施工班组长。现场施工管理人员则应立即向项目负责人告知事故发生的时间、地点、简要经过和现场伤亡损失情况。项目经理接到报告后，应在事故发生后30分钟内及时向公司汇报或者委托项目其他人员向公司汇报。

3.1.2 事故救援。事故发生后，现场救援组应立即拨打120，告知事故发生地点及所需救援车辆，并立即联系施工班组长到达事故现场，组织开展救援工作。

现场救护组应立即组织现场人员对受伤人员进行紧急护救，并组织其他劳务人员保护事故现场，以等待事故调查组调查取证。

现场安全管理员应立即组织人员疏散，疏通道路，引导救护车辆入场救援。

项目经理到达现场后，应立即指挥救援，其他人员则应协助救援，保护事故现场和疏通道路。

4. 注意事项

4.1 出现紧急事故时，应遵循"先救人后报告"的原则，如有重伤人员，应立即调遣附近车辆，将伤者送往医院。在救援行动中，应急组织的所有成员应做到沉着冷静，各尽其职，服从指挥安排，行动要有组织、有秩序，忙而不乱，迅速有效地抢救伤员，把伤害和损失降到最低。

4.2 充分利用外部资源。重视并加强与建设单位、监理单位、安全监督管理及其他相关部门的外部信息联络与沟通，获得其支持与信任，并充分利用其有形和无形资源增强事故预防与控制效果。

4.3 保证最基本的应急救援设施和工具。项目部应做好坠落事故的应急救援准备，备齐基本的应急救援设备与工具，如医药箱、担架和交通工具等。

4.4 迅速报告事故，组织抢救。首先应保证应急救援信息通讯畅通无阻，其次应教育员工和作业人员如何报告事故，规定在发现事故后必须以最快的速度及时、直接报告给项目领导，项目领导班子中必须至少留一人值班。项目领导接到报告后应立即组织抢救并以最快的速度赶到现场。

4.5 事故发生后，项目负责人在组织抢救受伤人员的同时，要采取各种有力方式严格控制事故的蔓延和扩大。

4.6 抢救人员要迅速果断。无论受伤者伤害程度如何，应以最快的速度直接送到医院抢救，如果受伤人员较多，必须分开送至不同地方抢救，以提高抢救效果。

4.7 妥善做好事故善后处理工作。尽量做好受伤人员亲属的安抚工作，同时做好受伤人员的赔偿工作，防止事故影响。

范本6.03

职业中毒应急预案

1. 职业中毒的概念

职业中毒指在职业活动中，接触一切生产性有毒因素所造成的机体中毒性损害。可分成急性职业中毒和慢性职业中毒。本预案主要针对的是急性职业中毒。

2. 职业毒物清单

职业毒物清单见下表。

职业毒物清单

序号	毒物名称	部位/场所/工序	潜在险情
1	锰	电焊	职业中毒
2	混苯	喷漆	职业中毒
3	氨气	下水管道维修	职业中毒
4	甲烷	下水管道维修	职业中毒
5	硫化氢	下水管道维修	职业中毒
6	氢化物	含氢电镀	职业中毒
7	氮氧化物	气焊、等离子电焊、2000米以上隧道养护	职业中毒
8	酸	充电、金属酸洗	职业中毒
9	碱	实验室碱液煮洗	职业中毒
10	苯并芘	沥青熔炼、沥青铺路	职业中毒
11	一氧化碳	隧道施工、地铁施工	职业中毒
12	瓦斯	隧道施工、地铁施工、下水管道维修	职业中毒
13	氧化锌	桥梁喷锌	职业中毒

续表

序号	毒物名称	部位/场所/工序	潜在险情
14	铅	蓄电池修理、挂瓦、油漆	职业中毒
15	汞	仪表使用、修理	职业中毒

注：根据本单位实际存在的职业病危害因素增加或减少。

3. 职业中毒应急组织机构及人员分工

3.1 应急组织机构人员

总负责人：刘××。

组长：林××。

成员：万××、齐××、吕××、方××、李××、宪××。

3.2 应急组织机构人员分工

应急组织机构人员分工见下表。

应急组织机构人员分工

紧急状态	职业中毒	
	部门	人员
组织机构及人员	指挥	
	报警、通讯联络员	
	现场急救组	
	疏散引导组	
	安全防护救护组	
	协调协作组	

4. 应急响应责任部门与责任人

责任部门：

责任人：

5. 应急指挥中心地址

（略）。

6. 应急组织机构职责

6.1 编制应急响应措施方案并审核其有效性、可行性。

6.2 根据应急演练、现场急救等具体情况随时修订应急方案。

6.3 发生职业中毒事件，及时赶到现场进行处理。

6.4 根据现场情况，组织人力，使用相关设备进行救护。

6.5 以最快速度将伤员护送到附近的医院进行救治。

6.6 查清类型，控制和清除发生因素。

6.7 对发生原因进行调查，做好善后处理。

6.8 计划并组织实施相关内容的安全教育。

6.9 计划并承担应急备品、防护用品的采购、定期检查、维修、更换。

7. 职业中毒应急响应措施

7.1 现场急救

7.1.1 立即停止作业，封存造成中毒事故的材料、设备和工具，控制事故现场，防止事态扩大，把事故危害降到最低限度。

7.1.2 立即将中毒者移到安全处，进行应急处理，并报告医院抢救。

7.1.3 疏通应急撤离通道，撤离现场人员，组织泄险，现场急救人员必须佩戴必需的防护用品，避免不必要的牺牲。

7.2 组织措施

7.2.1 接到报告，详细记录事故发生时间、地点、可疑中毒人数、主要症状、患者去向、可疑毒源等，根据所述事实，准备并携带相应的仪器设备和急救药品，立即奔赴现场。

7.2.2 根据事故发生的严重程度，分别报告局安检、医疗、劳保、工会、公安、社管中心等相关部门，必要时24小时内报当地卫生监察、公安部门；同时涉及水源、大气、土壤、食物等污染的急性中毒事故，须同时通知环保、食品监察部门分别参与调查处理。

7.2.3 落实现场应急救护人员的自我保护措施。

7.2.4 根据现场情况，会同医疗机构确定合理的现场抢救措施，并合理安排人员实施现场监测、毒源控制、人员急救。

7.2.5 做好详细准确的现场笔录并将内容报社管中心、安检处、局工会等部门。

7.2.6 根据监测结果，正确判断、提供事故发生类型、级别、严重程度和影响范围等信息，协助制订防止事故扩大的应急方案，以便采取有效拦截措施，控制、清除发生因素。

7.2.7 协助上级事故调查处理机关调查事故发生的原因、经过、性质、经济损失，提出处理意见，做好善后事宜。

7.2.8 协助事故单位总结经验教训，制定今后防范措施。

7.2.9 写出"急性职业中毒调查报告"和"急性职业中毒伤亡事故报告"，上报所在地省级卫生行政部门及本局卫生行政主管部门。

注：对失去作业能力不满一个工作日的轻度中毒患者，可不做急性中毒伤亡事故报告，但需记录在案。

7.3 技术措施

7.3.1 急性职业中毒事故现场排险救护工作，必须在有个人防护和专人监护的条件下进行，对中毒病人的职业病诊断和管理应符合《职业病诊断与鉴定管理办法》的相关规定。

7.3.2 现场人员首先采取自救、互救措施，将病人移至空气新鲜处，脱去受污染的衣服，清洗皮肤、眼等受污染部位，并使其尽快就医。

7.3.3 在中毒现场调查采取应急措施时，必须认真保护事故现场，如因抢救病人或为防止事故扩大必须移动、改变与事故有关的物体、状态、痕迹时，必须在移动前做好现场标志和记录，并进行现场拍照取证。

7.3.4 已出现中毒症状的患者，必须迅速送至医院诊治。对已出现神志不清、昏迷、抽搐等症状的危重病人，就地抢救并尽快使用针对性解剂，一旦病情稳定，立即送往医院，途中须进行严格的临床观察。

7.3.5 尽快查明事故原因、危害程度、范围，采取相应的技术措施洗消毒物、控制毒源，防止毒物进一步扩散。对继续散发有毒物质的车辆、物品等，在取证、采样、做好现场标记后，尽快移至远离居民区和生活饮用水源的地带。

7.3.6 根据事故现场的自然环境、气象条件、毒物理化特性等划定危险区与安全区并作出标志。

7.3.7 组织隔离区人员尽快脱离现场，淋浴更衣（不准热水浴）、减少活动。同时进行门诊观察、针对性的检查和预防治疗，医学监护时间不得少于该毒物侵入人体发病的最长潜伏期。

8. 应急备品清单

应急备品清单见下表。

应急备品清单

序号	设备名称	数量	负责人	有效期截止日期	用途	存放地点
1	防毒面具			长期	现场防护	库房
2	隔离衣			长期	现场防护	库房
3	急救箱			长期	急救	库房
4	担架			长期	急救	库房
5	急救车			长期	急救	车库
6	氧气瓶			长期	急救	库房

注：根据实际情况填写应急备品。

9. 预警

预警信息见下表。

预警信息表

序号	部门	电话	联系人	备注
1	厂长			急救
2	工会			急救
3	安保科			急救
4	当地医院			急救
5	当地公安			必要时
6	社管中心			调查
7	职业病防治部门			急救、调查
8	公安科		值班员	调查
9	中心医院		值班医生	急救
10	安质部			调查

范本6.04
危险化学品事故现场应急处置预案

1. 目的

为维护公司安全稳定，预防和遏制化学品造成的人身伤亡事故，遇突发事件时能够迅速、有序地展开各项工作，结合我公司实际，特制定本应急预案。

2. 依据

本预案制定根据《中华人民共和国安全生产法》《环境保护法》《危险化学品安全管理条例》等有关法律、法规。

3. 范围

适用于本公司因危险化学品引发的突发事件。

4. 公司化学品种类及危险特性

本公司的危险化学品主要有：盐酸、硫酸、氢氧化钠、除铁剂、碳酸镍、硫酸镍、除锈剂、酒石酸钾钠、磷酸三钠、除油粉。

5. 工作原则

5.1 安全第一，预防为主。坚持应急与预防工作相结合，做好防范和预警工作，最大限度地预防和减少事故造成的人员伤亡、财产损失和社会影响。

5.2 统一领导，分级负责。在公司安委会的统一领导下，分级负责，充分发挥专业应急指挥机构的作用。

5.3 规范有序，保障到位。依据安全生产相关法律法规及有关规定，依法规范应急管理和响应机制。

6. 应急组织体系

成立应急指挥中心，应急指挥中心下设应急指挥中心办公室（即安全办）。

6.1 应急指挥中心

总指挥：蒲××。

副总指挥：贾××，周××。

成员：苏××，赵××，韩××，连××，姜××，顾××，王××。

6.2 应急指挥中心职责

（1）负责组织事故应急预案的修订、审核、发布、演练和总结。

（2）按事故的级别下达预警和预警解除指令，专项应急预案启动和终止指令。

（3）组织、指挥、协调生产经营安全事故应急处置工作。

（4）加强安全生产事故应急救援建设。结合生产经营应急救援工作的特点，建立具有快速反应能力的安全事故救援队伍，提高救援装备水平，形成生产经营安全事故应急救援的保障。

（5）做好稳定职工的情绪和伤亡人员的善后及安抚工作。

7. 应急启动标准

发生的各类危险化学品事故，有下列情况之一应当启动本预案。

（1）发生一次死亡（含失踪）3人以上、10人以下的危险化学品事故。

（2）危险化学品由于泄漏、火灾、爆炸等各种原因造成或可能造成较多人员急性中毒、伤害或死亡等人身伤害和财产损失及其他对社会有较大危害的危险化学品事故。

（3）其他性质特别严重，产生重大影响的危险化学品事故。

8. 预防与预警

（1）发生危险化学品事故，单位主要负责人应当及时启动应急救援预案，组织应急处置，并立即报告上一级主管部门，各部门接到报告后要立即赶赴事故现场。

（2）发生危险化学品事故，不能很快得到有效控制或已造成重大人员伤亡时，应立即向上级危险化学品应急救援指挥部请求给予支援。

9. 应急响应

9.1 危险化学品泄漏事故处置措施

（1）进入泄漏现场进行处理时，应注意安全防护，进入现场救援人员必须配备必要的个人防护器具。如果泄漏物是易燃易爆的，事故中心区应严禁火种、切断电源、禁止车辆进入、立即在边界设置警戒线，并根据事故情况和事故发展，组织事故波及区人员的撤离。如果泄漏物是有毒的，应使用专用防护服、隔绝式空气面具。为了在现场上能正确使用和适应，平时应进行严格的适应性训练。应急处理时严禁单独行动，要有监护人，必要时用水枪掩护。

（2）泄漏源控制。对泄漏源的控制应采取关闭阀门、停止作业或改变工艺流程、减负荷运行等措施。堵漏采用合适的材料和技术手段堵住泄漏处。

（3）泄漏物处理

① 围堤堵截。筑堤堵截泄漏液体或者引流到安全地点，储槽区发生液体泄漏时，要及时关闭雨水阀，防止物料沿明沟外流。

② 稀释与覆盖。向有害物蒸汽云喷射雾状水，加速气体向高空扩散，对于可燃物，也可以在现场施放大量水。

9.2 危险化学品火灾事故处置措施

（1）先控制，后消灭。针对危险化学品火灾的火势发展蔓延快和燃烧面积大的特点，积极采取统一指挥、以快制快、堵截火势、防止蔓延，重点突破、排除险情，分割包围，速战速决的灭火战术。

（2）扑救人员应占领上风或侧风阵地。进行火情侦察、火灾扑救、火场疏散人员应有针对性地采取自我防护措施。如佩戴防护面具、穿戴专用防护服等。应迅速查明燃烧范围、燃烧物品及其周围物品的品名和主要危险特性、火势蔓延的主要途径，燃烧的危险化学品及燃烧产物是否有毒。

（3）正确选择最适合的灭火剂和灭火方法。火势较大时，应先堵截火势蔓延，控制燃烧范围，然后逐步扑灭火势。对有可能发生爆炸、爆裂、喷溅等特别危险需紧急撤退的情况，应按照统一的撤退信号和撤退方案及时撤退（撤退信号应格外醒目，能使现场所有人员都看到或听到，并应经常演练）。

（4）消灭余火。火灾扑灭后，仍然要派人监护现场，消灭余火。起火单位应当保护现场，接受事故调查，协助公安消防监督部门和上级安全生产监督管理部门调查火灾原因，核定火灾损失，查明火灾责任，未经公安监督部门和上级安全生产监督管理部门的同意，不得擅自清理火灾现场。

9.3 现场检测与评估

根据需要，报请应急指挥中心同意后，成立事故现场检测、鉴定与评估小组，进入现场开展工作，主要工作内容如下。

（1）综合分析和评价检测数据，查找事故原因，评估事故发展趋势，预测事故后果，为制定现场抢救方案和事故调查提供参考。

（2）监测事故规模及影响情况、受损建筑物垮塌危险程度等。

9.4 信息报告和发布

各部门及时将事故的进展情况报告应急指挥中心办公室。事故信息的披露要严格按照公司有关信息披露程序进行，应急办公室负责有关信息的收集、整理等工作和向上一级主管部门报告工作。

9.5 应急结束

当遇险人员全部得救，事故现场得以控制，可能导致的次生、衍生事故隐患消除后，经现场应急指挥机构确认，结束现场应急处置工作，应急救援队伍撤离现场，由事故应急指挥中心宣布应急结束。

10. 培训与演练

10.1 公司安全办负责本预案演习组织工作。

10.2 由总务部负责预案演习组织工作。

10.3 预案演习每年进行一次。

10.4 应急演习结束后，由公司安全办负责组织各部门进行效果评价并填写应急预案演练记录。

范本6.05

化学危险品中毒伤亡事故现场应急处置方案

1. 目的

为高效、有序地处理本企业化学危险品中毒伤亡突发事件，避免或最大限度地减轻化学危险品中毒人身伤亡造成的损失，保障员工生命和企业财产安全，维护社会稳定，特制定本预案。

2. 适用范围

适用于本企业化学危险品中毒伤亡突发事件的现场应急处置和应急救援工作。

3. 事故特征

3.1 危险性分析

浓酸、浓碱和化学药品储存容器使用、储存过程中发生泄漏，浓酸、浓碱和化学药品接卸、取样过程中操作不当及安全措施落实不到位，浓酸、浓碱和化学药品使用过程中操作不当或安全措施落实不到位等，都可能造成化学危险品中毒伤害事件。

3.2 事件类型

化学危险品除造成人员眼睛、皮肤灼伤，引起支气管炎、肺炎和肺水肿等，还可能造成因皮肤大面积灼伤、剧毒品中毒而引发的人身伤亡事故。

3.3 事件可能发生的区域、地点

化学酸碱储存间、化学药品储存间、化学加药系统和化学实验室。

3.4 事件危害程度分析

3.4.1 酸碱灼伤。以硫酸、盐酸、硝酸最为多见，都是腐蚀性毒物。除皮肤灼伤外，呼吸道吸入这些酸类的挥发气、雾点（如硫酸雾、铬酸雾），还可引起上呼吸道的剧烈刺激，严重者可发生化学性支气管炎、肺炎和肺水肿等。

3.4.2 神经性毒物。对神经中枢有麻痹作用，如苯及苯的衍生物、氯乙烯、二硫化碳、有机磷农药等。

3.4.3 一级化学危险品伤害。当浓酸、强碱等腐蚀性物质少量溅到眼睛里、皮肤上或少量氨气泄漏，造成的轻微人身伤害。

3.4.4 二级化学危险品伤害。当发生化学品大面积灼伤、剧毒品中毒、氨气大量泄漏或盐酸大量泄漏，给周围环境造成的严重污染或严重威胁人身安全。

3.5 事前可能出现的征兆

3.5.1 化学药品储存地点有刺激性气味。

3.5.2 使用人员违反规定，发生误操作或使用过程中防护措施不到位。

3.5.3 药品储存容器、酸碱接卸管道老化或临时连接管道不可靠。

4. 组织机构及职责

4.1 成立应急救援指挥部

4.1.1 总指挥：总经理。

4.1.2 成员：化学部门负责人、值班经理、现场工作人员、医护人员、安检人员。

4.2 指挥部人员职责

4.2.1 总指挥的职责。全面指挥化学危险品中毒伤亡突发事件的应急救援工作。

4.2.2 化学部门负责人职责。组织、协调本部门人员参加应急处置和救援工作。

4.2.3 值班经理职责。向有关领导汇报，组织现场人员进行先期处置。

4.2.4 现场工作人员职责。发现异常情况，及时汇报，做好化学危险品中毒伤亡人员的先期急救处置工作。

4.2.5 医护人员职责。接到通知后迅速赶赴事故现场进行急救处理。

4.2.6 安检人员职责。监督安全措施落实和人员到位情况。

5. 应急处置

5.1 现场应急处置程序

5.1.1 化学危险品中毒伤亡突发事件发生后，值班经理应立即向应急救援指挥部汇报。

5.1.2 该预案由总经理宣布启动。

5.1.3 应急处置组成员接到通知后，立即赶赴现场进行应急处理。

5.1.4 化学危险品中毒伤亡事件进一步扩大时启动《人身事故应急预案》。

5.2 现场处置措施

5.2.1 当浓酸、强碱溅到操作人员的眼睛内或皮肤上，发生化学品大面积灼伤、剧毒品中毒等造成的人身伤害事件时，现场人员应迅速采取现场应急处理，同时汇报当班值班经理，值班经理将现场人员伤害情况报告公司、各部门领导。

5.2.2 当浓酸溅到操作人员的眼睛内或皮肤上时，应迅速用大量清水冲洗，再以0.5%的碳酸氢钠溶液清洗。

5.2.3 当强碱溅到操作人员的眼睛内或皮肤上时，应迅速用大量的清水冲洗，再用2%的稀硼酸溶液清洗眼睛或用1%的醋酸清洗皮肤。

5.2.4 停止现场作业，找出酸、碱伤害原因，及时消除危险点。

5.2.5 关闭泄漏设备截止阀门，开启淋水阀。截止阀关闭不了的，应采取加装堵板等应急补救措施。

5.2.6 轻微中毒后仍能行动者，应立即离开工作现场；中毒较重者应吸氧；严重者如已昏迷，医务人员应立即进行人工呼吸，并拨打120急救电话。

5.2.7 当人员大面积灼伤或有生命危险时，应及时安排救护车送往医院抢救。

5.2.8 应设置隔离带，维持现场秩序。

5.3 事件报告

5.3.1 值班经理立即向总经理汇报化学危险品中毒伤亡情况以及现场采取的急救措施情况。

5.3.2 化学危险品中毒伤亡事件扩大时，由总经理向上级主管部门汇报事故信息，如发生重伤、死亡、重大死亡事故，应当立即报告当地人民政府安全监察部门、公安部门、人民检察院、工会，最迟不超过1个小时。

5.3.3 事件报告要求。事件信息准确完整、事件内容描述清晰；事件报告内容主要包括：事件发生时间、事件发生地点、事故性质、先期处理情况等。

5.3.4 联系方式

（略）。

5.4 注意事项

5.4.1 救援人员应戴上防毒面具和防护手套，打开门窗进行通风或打开换气扇通风。

5.4.2 根据现场事态发展，决定是否组织人员疏散，避免造成更大的人员伤害事故。

5.4.3 现场处置结束后，应组织损坏设备的抢修，恢复系统正常运行，保证不影响机组正常工作；在系统恢复正常运行前可安装临时系统，维持机组正常运行需要。

范本6.06

高温中暑人身事故现场应急处置预案

1. 目的

为高效、有序地处理本企业高温中暑伤亡突发事件，避免或最大限度地减轻由高温中暑而造成的人身伤亡损失，保障员工生命和企业财产安全，维护社会稳定，特制定本预案。

2. 适用范围

适用于本企业高温中暑伤亡突发事件的现场应急处置和应急救援工作。

3. 事件特征

3.1 危险性分析和事件类型

3.1.1 危险性分析。夏季高温时，在通风条件差的室内作业、室外设备的安装和维修、日光暴晒下露天施工作业等，易造成人员中暑而引起的人身伤亡事件。

3.1.2 事件类型

① 先兆中暑。患者在高温环境中工作一定时间后，出现头昏、头痛、口渴、多汗、全身疲乏、心悸、注意力不集中、动作不协调等症状，体温正常或略有升高。

② 轻度中暑。除有先兆中暑的症状外，出现面色潮红、大量出汗、脉搏跳动快等表现，体温升高至38.5℃以上。

③ 重度中暑。高热、意识障碍、无汗、肌肉痉挛、虚脱或短暂晕厥。

3.2 事件可能发生的区域、地点

通风条件差的室内、室外设备的安装和维修及日光暴晒下露天施工作业时，以及在电机房、煤仓、锅炉、汽机房及输煤皮带等高温场所。

3.3 事件危害程度分析

事件易发季节：夏季。夏季高温及工作场所通风条件差等原因，易造成工作人员高温中暑，情况严重时可引发人身伤亡事件。

3.4 事前可能出现的征兆

3.4.1 高温及工作场所通风条件差等。

3.4.2 烈日直射头部、环境温度过高、饮水过少或出汗过多等均可以引起中暑现象，其症状一般为恶心、呕吐、胸闷、眩晕、嗜睡、虚脱，严重时抽搐、惊厥甚至昏迷。

3.4.3 高温场所内作业。

3.4.4 工作强度过大。

3.4.5 作业人员连续工作时间过长。

3.4.6 作业人员睡眠不足或过度疲劳。

4. 组织机构及职责

4.1 成立应急救援指挥部

4.1.1 总指挥：总经理。

4.1.2 成员：事发部门主管、值班经理、现场工作人员、医护人员、安检人员。

4.2 指挥部人员职责

4.2.1 总指挥的职责。全面指挥高温中暑伤亡突发事件的应急救援工作。

4.2.2 事发部门主管职责。组织、协调本部门人员参加应急处置和救援工作。

4.2.3 值班经理职责。向有关领导汇报，组织现场人员进行先期处置。

4.2.4 现场工作人员职责。发现异常情况，及时汇报，做好高温中暑伤亡人员的先期急救处置工作。

4.2.5 医护人员职责。接到通知后迅速赶赴事故现场进行急救处理。

4.2.6 安检人员职责。监督安全措施落实和人员到位情况。

5. 应急处置

5.1 现场应急处置程序

5.1.1 高温中暑伤亡突发事件发生后，值班经理应立即向应急救援指挥部汇报。

5.1.2 该预案由总经理宣布启动。

5.1.3 应急处置组成员接到通知后，立即赶赴现场进行应急处理。

5.1.4 高温中暑伤亡事件进一步扩大时启动《人身事故应急预案》。

5.2 现场处置措施

5.2.1 先兆中暑和轻度中暑处理

①迅速将中暑者移至阴凉、通风的地方，同时垫高头部，解开衣裤，以利呼吸和散热。

②用湿毛巾敷头部或用冰袋置于中暑者头部、腋窝、大腿根部等处。若病人能饮水时，可让病人饮大量的水，水内加少量食盐。

③病人呼吸困难时，应进行人工口对口呼吸。

④暂时停止现场作业，对工作场所的通风降温设施等进行检查，采取有效措施降低工作环境温度。

5.2.2 重度中暑处理

①将所有中暑人员立即抬离工作现场，移至阴凉、通风的地方，并联系公司医护人员立即到达现场进行施救工作。

②暂时停止现场作业，对工作场所的通风降温设施等进行检查，找出中暑原因并采取有效措施降低工作环境温度。

③病情严重者立即联系车辆，并由医护人员边抢救边护送至医院。必要时可拨打120急救电话。

④根据现场事态发展，决定是否组织对该工作场所的人员进行疏散。

5.3 事件报告

5.3.1 值班经理立即向总经理汇报人员高温中暑伤亡情况以及现场采取的急救措施情况。

5.3.2 高温中暑伤亡事件扩大时，由总经理向上级主管部门汇报事故信息，如发生重伤、死亡、重大死亡事故，应当立即报告当地人民政府安全监察部门、公安部门、人民检察院、工会，最迟不超过1个小时。

5.3.3 事件信息准确完整、事件内容描述清晰；事件报告内容主要包括：事件发生时间、事件发生地点、事故性质、先期处理情况等。

5.3.4 联系方式。

（略）。

5.4 注意事项

5.4.1 除非病人有周围循环衰竭或大量呕吐、腹泻的情况，否则不需要输入太多的液体，以免引起心力衰竭或肺水肿。

5.4.2 呼吸循环衰竭者，酌用呼吸、心脏兴奋剂；呼吸困难者应吸氧，必要时进行人工呼吸。抽搐者可给予镇静剂。

5.4.3 对病情危重或经适当处理无好转者，应在继续抢救的同时立即送往医院。

范本6.07
密闭空间中毒窒息事故现场应急处置预案

1. 目的

为高效、有序地处理本企业密闭空间中毒窒息突发事件，避免或最大限度地减轻在密闭空间由于中毒窒息而导致人身伤亡所造成的损失，保障员工生命和企业财产安全，维护社会稳定，特制定本预案。

2. 适用范围

适用于本企业密闭空间中毒窒息突发事件的现场应急处置和应急救援工作。

3. 事件特征

3.1 危险性分析和事件类型

3.1.1 在容器、槽箱、锅炉烟道及磨煤机、排污井、地下沟道及化学药品储存间等密闭空间内作业时，由于通风不良，导致作业环境中严重缺氧以及有毒气体急剧增加引起作业人员昏倒、急性中毒、窒息伤害等。

3.1.2 密闭空间中毒窒息事故类型：缺氧窒息和中毒窒息。

3.2 事件可能发生的地点和装置

生产区域内排污井、排水井及地下电缆沟道，高压加热器、低压加热器、除氧器、凝汽器、压缩空气储气罐、锅炉、锅炉汽包、烟道及排风机，化学药品储存间、加药间及化粪池等。

3.3 可能造成的危害

当工作人员所处工作环境缺氧和存在有毒气体，且工作人员没有采取有效、可靠的防范、试验措施进行工作时，会造成工作人员昏倒、休克，甚至死亡。

3.4 事前可能出现的征兆

3.4.1 工作人员工作期间，感觉精神状态不好，如眼睛灼热、流涕、呛咳、胸闷或头晕、头痛、恶心、耳鸣、视力模糊、气短、呼吸急促、四肢软弱乏力、意识模糊、嘴唇变紫、指甲青紫等。

3.4.2 工作监护人离开工作现场，且没有指定能胜任的人员接替监护任务。

3.4.3 工作成员工作随意，不听工作负责人和监护人的劝阻。

4. 组织机构及职责

4.1 成立应急救援指挥部

4.1.1 总指挥：总经理。

4.1.2 成员：事发部门主管、值班经理、现场工作人员、医护人员、安检人员。

4.2 指挥部人员职责

4.2.1 总指挥的职责：全面指挥密闭空间中毒窒息突发事件的应急救援工作。

4.2.2 事发部门主管职责：组织、协调本部门人员参加应急处置和救援工作。

4.2.3 值班经理职责：向有关领导汇报，组织现场人员进行先期处置。

4.2.4 现场工作人员职责：发现异常情况，及时汇报，做好密闭空间中毒窒息人员的先期急救处置工作。

4.2.5 医护人员职责：接到通知后迅速赶赴事故现场进行急救处理。

4.2.6 安检人员职责：监督安全措施落实和人员到位情况。

5. 应急处置

5.1 现场应急处置程序

5.1.1 密闭空间中毒窒息突发事件发生后，值班经理应立即向应急救援指挥部汇报。

5.1.2 该预案由总经理宣布启动。

5.1.3 应急处置组成员接到通知后，立即赶赴现场进行应急处理。

5.1.4 密闭空间中毒窒息事件进一步扩大时启动《人身事故应急预案》。

5.2 处置措施

5.2.1 帮窒息人员脱离危险地点。

5.2.2 对于有毒化学药品中毒地点发生人员窒息的事故，救援人员应携带隔离式呼吸器到达事故现场，正确戴好呼吸器后，进入现场进行施救。

5.2.3 对于密闭空间内由于缺氧导致人员窒息的事故，施救人员应先强制向空间内部通风换气后方可进入进行施救。

5.2.4 对于电缆沟、排污井、排水井等地下沟道内可能产生有毒气体的地点，救援人员在施救前应先进行有毒气体检测（方法为通过有毒气体检测仪、小动物试验、矿灯等），确认安全或者现场有防毒面具则应正确戴好防毒面具后进入现场进行施救。

5.2.5 施救人员做好自身防护措施后，将窒息人员救离受害地点至地面以上或通风良好的地点，然后等待医务人员或在医务人员没有到场的情况进行紧急救助。

5.2.6 呼吸、心跳情况的判定。密闭空间中毒窒息伤员如意识丧失，应在10秒内，用看、听、试的方法判定伤员呼吸心跳情况。

①看。看伤员的胸部、腹部有无起伏动作。

②听。用耳贴近伤员的口鼻处，听有无呼气声音。

③试。试测伤员口鼻有无呼气的气流。再用两手指轻试伤员一侧（左或右）喉结旁凹陷处的颈动脉有无搏动。

若通过看、听、试伤员，既无呼吸又无颈动脉搏动的，可判定呼吸、心跳停止。

5.2.7 密闭空间中毒窒息伤员呼吸和心跳均停止时，应立即按心肺复苏法支持生命的三项基本措施，进行就地抢救。

① 通畅气道。

② 口对口（鼻）人工呼吸。

③ 胸外按压（人工循环）。

5.2.8 抢救过程中的再判定

① 按压吹气1分钟后（相当于单人抢救时做了4个15∶2压吹循环），应用看、听、试方法在5~7秒时间内完成对伤员呼吸和心跳是否恢复的再判定。

② 若判定颈动脉已有搏动但无呼吸，则暂停胸外按压，而再进行2次口对口人工呼吸，接着每5秒吹气一次（即每分钟12次）。如脉搏和呼吸均未恢复，则继续坚持心肺复苏法抢救。

③ 在抢救过程中，要每隔数分钟再判定一次，每次判定时间均不得超过5~7秒。在医务人员未接替抢救前，现场抢救人员不得放弃现场抢救。

5.3 事件报告

5.3.1 值班经理立即向总经理汇报人员密闭空间中毒窒息情况以及现场采取的急救措施情况。

5.3.2 密闭空间中毒窒息事件扩大时，由总经理向上级主管部门汇报事故情况，如发生重伤、死亡、重大死亡事故，应当立即报告当地人民政府安全监察部门、公安部门、人民检察院、工会，最迟不超过1个小时。

5.3.3 事件报告要求：事件信息准确完整、事件内容描述清晰；事件报告内容主要包括：事件发生时间、事件发生地点、事故性质、先期处理情况等。

5.3.4 联系方式。

（略）。

5.4 注意事项

5.4.1 对于电缆沟道、有毒化学品储藏室等的救援工作，救援人员在施救前，应戴好防毒面具，做好自身的防护措施再进行施救工作。

5.4.2 在电缆沟、排污井、化粪池等地点进行抢救时，施救人员应系好安全带，做好防止人身坠落的安全措施。

5.4.3 伤员、施救人员离开现场后，工作人员应对现场进行隔离，设置警示标志，并设专人把守现场，严禁任何无关人员擅自进入隔离区内。

5.4.4 采取通风换气措施时，严禁用纯氧进行通风换气，以防止氧气中毒。

5.4.5 对于密闭空间内部禁止使用明火的地点，如管道内部涂环氧树脂等的地点，严禁使用蜡烛等方法进行试验。

5.4.6 对于防爆、防氧化及受作业环境限制，不能采取通风换气的作业场所，作业人员应正确使用隔离式呼吸保护器，严禁使用净气式面具。

范本6.08
职业病危害事故应急调查处理预案

1. 总则

1.1 编制目的

为了科学、规范、有力、有效地预防与控制突发职业病危害事件，快速有效地做好对受害人员的救治工作，确保职业病危害事故发生时能及时采取有效的预防救治措施，最大限度地减轻突发职业病危害事件的危害及其造成的损失，保护员工健康，维持正常的生产、生活秩序，根据法律、法规的有关规定，结合我厂实际，制定本预案。

1.2 编制依据

依据《中华人民共和国职业病防治法》《使用有毒物品作业场所劳动保护条例》《突发公共卫生事件应急条例》和《国家突发公共卫生事件应急预案》等法律、法规。

1.3 适用范围

在××有限公司××分厂区域内发生突发职业病危害事故的各级应急处理单位部门均应遵守本预案。

1.4 工作原则

突发职业病危害事故的应急处理工作，应当遵循"依法管理、预防为主、统一指挥、分级负责、快速反应、科学分析、措施果断、单位自救、现场急救与社会救援相结合"的工作原则。

1.5 事件分类和预警分级

按一次突发职业病危害事件所造成的危害严重程度，将突发职业病危害事件分为特大（Ⅰ级）、重大（Ⅱ级）、一般（Ⅲ级）三类和三个预警等级。

1.5.1 Ⅰ级预警（特大事件）。发生急性职业病50人以上或者死亡5人以上，或者发生职业性炭疽5人以上的。

1.5.2 Ⅱ级预警（重大事件）。发生急性职业病10人以上50人以下或者死亡5人以下的，或者发生职业性炭疽5人以下的。

1.5.3 Ⅲ级预警（一般事件）。发生急性职业病10人以下的。

2. 组织机构及职责

2.1 领导机构

2.1.1 成立职业病危害事故应急调查处理指挥部，负责领导、组织、协调、部署处置××突发职业病危害事件。

总指挥：许××。

副总指挥：安××、苏××。

成员：各部门。

指挥部职业健康办公室设在安保科，负责处理日常的工作。

2.1.2 各部门分工与职责

（1）现场指挥部职责。发生职业病危害事故时立刻组成现场指挥部，发布应急处理命令，组织实施救援行动，向总指挥报告并同时向协作医院和卫生局、疾病预防控制中心、卫生执法监督所报告。

（2）现场指挥部人员分工

安保科：协助总指挥做好事故报警、情况通报和事故处理工作；负责组织事故现场及职业病危害物质扩散区域内的消毒、清洗、监测、记录工作；必要时代表指挥部对外发布职业病危害事故应急调查处理的相关信息。

安保科科长：负责事故现场的警戒、保卫和现场工作人员的疏散工作。

调度室：负责事故处置时生产系统、开停车调度工作；事故设备设施的修复处置工作；事故现场的对外联系。保证指挥部与各单位之间的通讯畅通。

综合办公室：负责职业病危害事故发生时救援物资及人员的运输。

2.1.3 人员培训

（1）对公司各类人员进行职业病防治法知识的宣传和培训，使每个员工掌握职业病防治法的规章制度和操作规程。

（2）培训正确熟练使用维护与职业活动有关的防护设备，及个人使用的防护用品（防护眼罩、防护服、防护帽）。

（3）在发现职业病危害事故时应立即报告，掌握现场自救、互救知识。

2.1.4 协调同卫生机构的急诊救护。医疗救护队由公司综合办公室委托人民医院组成，医疗救护专业大队指挥所设在此院。

2.2 值班并保持通讯联络顺畅

2.2.1 安排人员24小时值班并保持通讯联络顺畅，合理地组织单位与单位之间协同通讯联络。

2.2.2 本公司应急救援和事故报告常用电话：（略）。

2.3 物资准备

2.3.1 交通运输保障。综合办公室应做好各种车辆保养和维护，保持车况良好，保证值班车辆及驾驶员随时能够到位。

2.3.2 后勤服务保障。综合办公室专门负责现场人员食品、饮水饮食供应及安排疏散人员等。

2.3.3 应急防护用品保障。综合办公室负责将安全帽、防毒口罩、带氧防毒面具、工作服、防护眼镜、防护手套、对讲机、手电筒等防护用品、急救用品发放到各车间。各车间安全负责人要每天检查这些用品的完好性并做记录，将这些用品分类放在易存易取的专柜内，并标明这些用品的数量、名称、使用方法等，以便随用随取。

2.3.4 配合事故调查与资料准备。配合安保科职业健康办公室进行调查，按照职业健康办公室的要求如实提供事故发生情况、有关资料和样品。

3. 预警和预防机制

3.1 预防控制

3.1.1 日常控制

（1）建立职业健康管理机构，配备职业健康专业人员，制订并落实预防职业病危害事件的防治计划、制度和工作实施方案，建立、健全突发职业病危害事件应急预案。

（2）可能发生突发职业病危害事件的工作场所应采用有效的职业病危害防护设施、设置报警装置，配置现场急救用品、应急撤离通道和必要的泄险区，并为员工提供个人使用的个体防护用品。

（3）易发生突发职业病危害事件的地点，应当在醒目位置设置公告栏，公布突发职业病危害事件应急措施和工作场所职业病危害因素的检测结果。

（4）对高毒作业岗位，应当在其醒目位置，设置警示标识和中文警示说明、预防中毒以及应急救治措施等内容。

（5）对员工进行职业健康检查及职业健康教育工作。

3.2 职业危害因素控制

公司物理危害因素主要有：粉尘、噪声和高温。分布在破碎车间、磨选车间和矿山露天采矿。

3.3 报告与报告时限

发生或者可能发生突发职业病危害事件时，全厂应按规定进行职业病危害事故报告。

3.3.1 各级负责人在发生职业病危害事故时应立即向指挥部报告。

3.3.2 安保科职业健康办公室要向上级安监部门、卫生执法监督所报告职业病危害事故发生的车间位置、作业场所、作业时间、发病起因、伤亡人数、可能导致此事故发生的原因，已采取的职业健康防护和救治措施以及事故发展的趋势。

3.3.3 对特大和重大职业病危害事故应立即报告，一般事故需在6小时以内向上级卫生执法监督所、安监局报告。

3.3.4 不得以任何借口对职业病危害事故以瞒报、虚报、漏报和迟报。

4. 应急响应

4.1 在生产过程中有可能发生的意外职业病危害事故有一般职业病危害事故和重大、特大职业病危害事故。

4.1.1 一般职业病危害事故。可因车间及岗位防护设施损坏、物料泄漏、防护品不合格或损坏、人员未及时巡查及早发现，未及时采取相应措施予以处理，而引发小范围的职业病危害事故。

4.1.2 重大、特大职业病危害事故。虽能及时发现，但职业病危害事故较难控制。职业病危害事故发生后，有可能发展为更大范围或更严重的破坏及人员伤害事故。

4.2 发生职业病危害事故应采取以下应急救援措施

4.2.1 事故发生单位应及时向指挥部报告，指挥部应迅速通知有关部门，快速查明发生职业病危害事故的地点、范围，下达启动应急救援预案的指令，同时发出警报，通知指挥部成员及医疗救护队伍和各专业队伍迅速赶往职业病危害事故现场。

4.2.2 事故单位应立即停止导致职业病危害事故的作业，采取一切措施切断职业病危害事故源，并在指挥部指导下尽可能控制事故现场，防止事态扩大，把事故危害降到最低限度。

4.2.3 指挥部成员根据职业病危害事故性质和规模，通知专业对口部室迅速向上级公安、劳动、保险、环保、卫生、安全等部门报告职业病危害事故情况。

4.2.4 安保科应立即疏通应急撤离通道，撤离作业人员，其他部门全力投入抢险和救治受害人员。同时注意保护事故现场，保留导致职业病危害事故发生的材料、设备和工具。

4.2.5 对遭受和可能遭受职业病危害的员工应立即通知医疗救护队，在医疗救护队未到之前，现场厂长（车间主任）、职业健康监督员、急救员等负责人应组织人员迅速转移患者离开现场。

4.2.6 配合上级安监部门、卫生行政部门进行调查，按照安监部门、卫生部门的要求，如实、详细提供事故发生的时间、地点、作业场所、处理措施、有害毒物样品等情况。

4.3 应急结束

对于一般职业病危害事件，经指挥部批准，本次应急响应结束。

对于重大和特大突发职业病危害事件，分别由县、市安监局处置公共卫生事件应急指挥部提出报告，经县、市突发事件应急委员会批准，有公司指挥部宣布结束本次应急响应。

6.2 定期开展事故应急救援演练

应急演练是针对事故情景，依据应急预案而模拟开展的预警行动、事故报告、指挥协调、现场处置等活动。

为了保证事故发生时，应急救援组织机构的各部门能够熟练有效地开展应急救援工作，企业应定期进行针对不同事故类型的应急救援演练，不断提高实战能力。同时在演练实战过程中，总结经验，发现不足，并对演练方案和应急救援预案进行充实、完善。

6.2.1 事故应急救援演练的重要性

通过演练可以检查应急抢险队伍应付可能发生的各种紧急情况的适应性以及各职能部门、各专业人员之间相互支援及协调的程度；检验应急救援指挥部的应急能力，包括组织指挥专业抢险队救援的能力和组织群众应急响应的能力。通过演练可以证实应急救援预案是可行的，从而增强全体职工承担应急救援任务的信心。应急救援演练对每个参加演练的成员来说，是一次全面的应急救援练习，通过演练可以提高技术及业务能力。

通过演练还可以发现应急预案中存在的问题，为修正预案提供实际资料；尤其是通过演练后的讲评、总结，可以暴露预案中未曾考虑到的问题和找出改正的建议，是提高预案质量的重要步骤。

总而言之，应急演练应达到以下五大目的，如表6-2所示。

表6-2 应急救援演练的五大目的

序号	目的	具体说明
1	检验预案	通过开展应急演练，查找应急预案中存在的问题，进而完善应急预案，提高应急预案的可用性和可操作性
2	完善准备	通过开展应急演练，检查应对突发事件所需应急队伍、物资、装备、技术等方面的准备情况，发现不足及时予以调整补充，做好应急准备工作
3	锻炼队伍	通过开展应急演练，增强演练组织部门、参与部门和人员对应急预案的熟悉程序，提高其应急处置能力
4	磨合机制	通过开展应急演练，进一步明确相关部门和人员的职责任务，完善应急机制
5	科普宣传	通过开展应急演练，普及应急知识，提高员工风险防范意识和应对突发事故时自救互救的能力

6.2.2 事故应急救援演练的基本要求

应急救援演练应满足图6-2所示的几个基本要求。

结合实际，合理定位。紧密结合应急管理工作实际，明确演练目的，根据资源条件确定演练方式和规模

着眼实战，讲求实效。以提高应急指挥人员的指挥协调能力、应急队伍的实战能力为着重点，重视对演练效果及组织工作的评估，总结推广好经验，及时整改存在的问题

精心组织，确保安全。围绕演练目的，精心策划演练内容，周密组织演练活动，严格遵守相关安全措施，确保演练参与人员及演练装备设施的安全

各部门要制定出应急演练方案交安全部审核，演练方案应包括演练部门、时间、地点、演练步骤等

预案演练完成后应对此次演练内容进行评估，填写应急预案评审记录表和应急预案演练登记表

图6-2 应急救援演练的基本要求

6.2.3 事故应急救援演练的类型

根据组织方式、演练内容和演练目的、作用等，可以对应急演练进行分类，目的是便于演练的组织管理和经验交流，如表6-3所示。

表6-3　事故应急救援演练的类型

序号	分类方式	类别	具体说明
1	按组织方式分类	桌面演练	桌面演练是一种圆桌讨论或演习活动，其目的是使各级应急部门、组织和个人在较轻松的环境下，明确和熟悉应急预案中所规定的职责和程序，提高协调配合及解决问题的能力。桌面演练的情景和问题通常以口头或书面叙述的方式呈现，也可以使用地图、沙盘、计算机模拟、视频会议等辅助手段，有时被分别称为图上演练、沙盘演练、计算机模拟演练、视频会议演练等
		实战演练	实战演练是以现场实战操作的形式开展的演练活动。参演人员在贴近实际状况和高度紧张的环境下，根据演练情景的要求，通过实际操作完成应急响应任务，以检验和提高相关应急人员的组织指挥、应急处置以及后勤保障等综合应急能力
2	按演练内容分类	单项演练	单项演练是指只涉及应急预案中特定应急响应功能或现场处置方案中一系列应急响应功能的演练活动。注重针对一个或少数几个参与单位（岗位）的特定环节和功能进行检验
		综合演练	综合演练是指涉及应急预案中多项或全部应急响应功能的演练活动。注重对多个环节和功能进行检验，特别是对不同单位之间应急机制和联合应对能力的检验
3	按演练目的和作用分类	检验性演练	检验性演练是指为了检验应急预案的可行性及应急准备的充分性而组织的演练
		示范性演练	示范性演练是指为了向参观、学习人员提供示范，为普及宣传应急知识而组织的观摩性演练
		研究型演练	研究型演练主要是为了研究突发事件应急处置的有效方法，试验应急技术、设施和设备，探索存在问题的解决方案等而组织的演练

不同演练组织形式、内容及目的交叉组合，可以形成多种多样的演练方式，如：单项桌面演练、综合桌面演练、单项实战演练、综合实战演练、单项示范演练、综合示范演练等。

6.2.4　事故应急救援演练方案的编制

演练项目的内容是根据演练的目的决定的。把需要达到的目的通过演练过程，逐步进行检查、考核来完成的。因此，如何将这些待检查的项目有机地融入模拟事故中是演练方案编制的第一步。为使模拟事故的情况设置逼真而又可分项检查，需要考虑如表6-4所示几个事项。

表6-4　编制演练方案应注意的事项

序号	事项	具体说明
1	事故细节描述	事故的发生有其自身潜在的不安全因素，在某种条件下由某一因素触发而形成，或者是由此形成连锁影响，从而造成更大、更严重的事故。对事故发生和发展、扩大的原因及过程要进行简要的描述。使演练参加者可以据此来理解和叙述执行该事故的应急救援任务和相应的防护行动
2	日程安排	演练时间安排基本应按真实事故的条件进行。但在特殊情况下，也不排除对时间的压缩和延伸，可根据演练的需要安排合适的时间。演练日程安排后一般要事先通知有关单位和参加演练的个人，以利于做好充分的准备
3	演练条件	演练最好选择比较不利的条件，如在夜间，能够说明问题的气象条件下，高温、低温等较严峻的自然环境下进行演练。但在准备不够充分或演练人员素质较低的情况下，为了检验预案的可行性或为了提高演练人员的技术水平，也可选择条件较好的环境进行演练
4	安全措施	现场模拟演练要在绝对安全的条件下进行，如安全警戒与隔离、交通控制、防护措施，消防、抢险演练等的安全保障都必须认真、细致地考虑。演练时要在其影响范围内告知该地区的居民，以免引起不必要的惊慌，要求居民做到的事项要各家各户地通知到每个人

在此提供一份某企业的职业健康应急预案演练方案，仅供读者参考。

范本6.09
职业健康应急预案演练方案

地点：化产车间粗苯岗位

时间：＿＿＿＿年＿＿月＿＿日上午9：30

演练目的：本着"反应迅速，处置得当"的原则，在突发性重大职业危害事故的发生时，能够有效控制和处置事故，使危险目标作业点干部职工熟悉并掌握处置职业危害事故的方法、应急救援的方式。

演练场景：假设事故现场为粗苯储罐发生泄漏、着火，甲职工巡回检查发现事故，中毒。

1. 职工甲、乙巡回检查，发现储罐泄漏着火，同时甲去关闭阀门，乙汇报事故。

2. 乙回到现场，甲中毒倒在防火堤外。

3. 应急救援队伍到场，实施灭火应急预案，同时给乙穿戴防护用品，一起对甲进行救护。

4. 立即脱离中毒现场，移至空气新鲜、环境安静处，输氧。

5. 拨打120救援。

＿＿＿＿＿＿＿＿＿厂安全管理处

＿＿＿＿＿＿＿年＿＿月＿＿日

6.2.5　事故应急救援演练的参与人员

不论演练规模的大小，一般都要有以下两部分人员组成。

（1）事故应急救援的演练者，占演练人员的绝大多数。从指挥员至参加应急救援的每一个专业队成员都应该是现职人员，将来可能与事故应急救援有直接关系者。

（2）考核评价者，即事故应急救援方面的专家或专家组，对演练的每一个程序进行考核评价。

进行事故应急救援模拟演练之前应做好准备工作，演练后，考核人员与演练者共同进行讲评和总结。不同的演练课目，担任主要任务的人员最好分别承担多个角色，从而能使更多的人得到实际锻炼。

6.2.6　事故应急救援演练的组织

组织工作主要包括以下方面。

（1）事故应急救援模拟演练的准备工作。

（2）针对演练事故类型，选择合适的模拟演练地段。

（3）针对演练事故类型，组织相关人员编制详细的演练方案。

（4）根据编制好的演练方案，组织参加演练人员进行学习。

（5）筹备好演练所需物资装备，对演练场所进行适当布置。

（6）提前邀请地方相关部门及本行业上级部门相关人员参加演练并提出建议。

企业一般应根据事故应急救援预案的级别、种类的不同，对演练的频度、范围等提出不同要求。企业内部的演练可以与生产、运行及安全检查等各项工作结合起来，统筹安排。

6.2.7　事故应急救援模拟演练的考核与总结

事故应急救援预案通过实践考验，证实该预案切实可行后才能有效地实施。因此，演练中应由专家和考评人员对每个演练程序进行考核与评价，出具演练报告（如表6-5所示）。演练以后要根据评价的意见进行认真的总结，找出问题并提出修改建议。修改意见要经过进一步的验证，认为确实需要修正的内容，要在最短的时间内修正完毕，并报上级批准。

表6-5　应急救援预案演练评价报告记录

应急预案名称：××公司事故应急救援预案
重大危险源及潜在的紧急状态：
1. 验证××公司事故应急救援预案的合理性、实用性、可用性、可靠性。 2. 检验全体员工是否明确自己的职责和应急行动程序，以及应急队伍的协同反应水平和实践能力。 3. 提高员工避免事故、防止事故、抵抗事故的能力，提高事故的警惕性。 4. 取得经验以改进所制定的应急预案。
演练时间：

演练地点：××有限公司
应急指挥人员：
参加演习人员：应急救援小组及救援人员
评价人员：
演练过程记录：
存在的不符合项：
访谈演练参演人员情况记录：
对演练效果及应急预案充分性、适宜性的评价结果：
预案改进完善的建议：
记录人（评价人员）：   审核：

保存部门：安全管理部保存期限一年

第 **7** 章
ISO 45001:2018职业健康 安全管理体系

　　职业健康安全管理体系的建立，便于企业对其业务相关的职业健康安全风险的管理。

本章导视

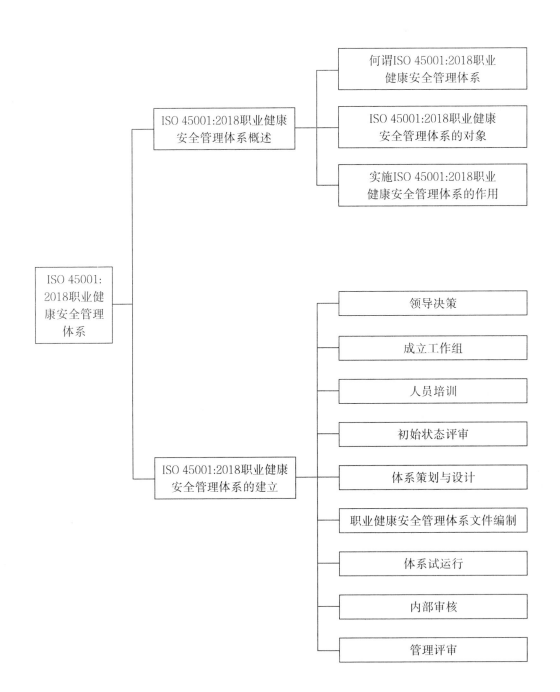

ISO 45001: 2018职业健康安全管理体系

- ISO 45001:2018职业健康安全管理体系概述
  - 何谓ISO 45001:2018职业健康安全管理体系
  - ISO 45001:2018职业健康安全管理体系的对象
  - 实施ISO 45001:2018职业健康安全管理体系的作用

- ISO 45001:2018职业健康安全管理体系的建立
  - 领导决策
  - 成立工作组
  - 人员培训
  - 初始状态评审
  - 体系策划与设计
  - 职业健康安全管理体系文件编制
  - 体系试运行
  - 内部审核
  - 管理评审

7.1 ISO 45001:2018职业健康安全管理体系概述

ISO 45001:2018职业健康安全管理体系是一个组织全部管理体系的组成部分之一，包括为制定、实施、实现、评审和保持职业健康安全方针所需的组织机构、规划、活动、职责、制度、程序、过程和资源。

7.1.1 何谓ISO 45001:2018职业健康安全管理体系

ISO45001是全球首个ISO职业健康安全标准，它将帮助企业为其员工和其他人员提供安全、健康的工作环境，防止发生死亡、工伤和健康问题，并致力于持续改进职业健康安全绩效。

（1）ISO 45001采用高层次结构。ISO 45001使用ISO通用标准结构，即高层次结构（HLS），如图7-1所示。

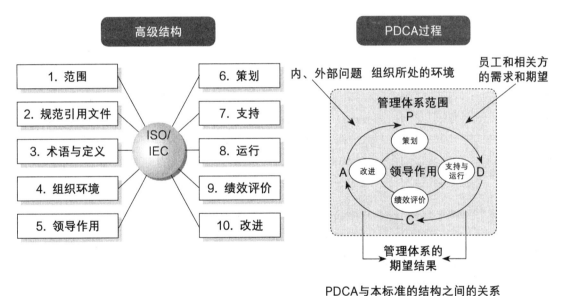

图7-1　ISO 45001采用高层次结构

（2）职业健康安全体系模型。职业健康安全体系模型如图7-2所示。

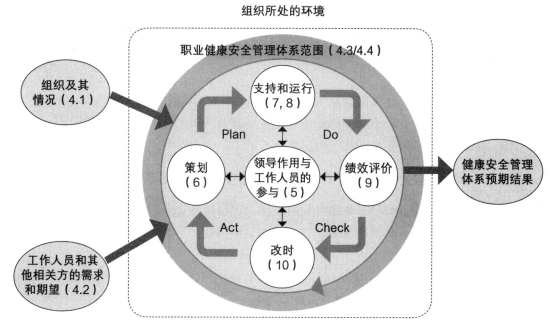

图7-2　职业健康安全体系模型

（3）ISO 45001：2018条款结构。ISO 45001：2018条款结构如图7-3所示。

4 组织环境	5 领导作用与工作人员参与	6 策划	7 支持	8 运行	9 绩效评价	10 改时
4.1 理解组织及其所处的环境	5.1 领导作用与承诺	6.1 应对风险和机遇的措施	7.1 资源	8.1 运行策划和控制	9.1 监视、测量、分析与绩效评价	10.1 总则
4.2 理解工作人员与其他相关方的需求和期望	5.2 健康安全方针	6.1.1 总则	7.2 能力	8.1.1 总则	9.1.1 总则	10.2 事件、不符合和纠正措施
4.3 确定健康安全管理体系范围	5.3 组织的角色、职责和权限	6.1.2 危险源辨识和风险与机遇评估	7.3 意识	8.1.2 消除危险源与降低风险	9.1.2 合规性评价	10.3 持续改进
4.4 健康安全管理体系	5.4 工作人员的协商与处理	6.1.3 适用法规要求	7.4 沟通	8.1.3 变更管理	9.2 内部审核	
		6.1.4 策划措施	7.5 文件化信息	8.1.4采购 8.1.4.1总则	9.3 管理评审	
		6.2 OHS目标与实现策划		8.1.4.2承包商 8.1.4.3外包方		
				8.2 应急准备和响应		

图7-3　ISO 45001：2018条款结构

7.1.2 ISO 45001:2018职业健康安全管理体系的对象

众所周知，在人们的工作活动或工作环境中，总是存在这样那样潜在的危险源，可能会损坏财物、危害环境、影响人体健康，甚至造成伤害事故。这些危险源有化学的、物理的、生物的、人体工效和其他种类的。人们将某一或某些危险引发事故的可能性和其可能造成的后果称为风险。风险可用发生概率、危害范围、损失大小等指标来评定。

现代职业健康安全管理体系的对象就是职业健康安全风险。

（1）风险引发事故的损失。风险引发事故造成的损失是各种各样的，一般分为以下几个方面。

①职工本人及其他人的生命伤害。

②职工本人及其他人的健康伤害（包括心理伤害）。

③资料、设备设施的损坏、损失（包括一定时期内或长时间无法正常工作的损失）。

④处理事故的费用（包括停工停产、事故调查及其他间接费用）。

⑤企业、职工经济负担的增加。

⑥职工本人及其他人的家庭、朋友，社会的精神、心理、经济伤害和损失。

⑦政府、行业、社会舆论的批评和指责。

⑧法律追究和新闻曝光引起的企业形象伤害。

⑨投资方或金融部门的信心丧失。

⑩企业信誉的伤害、损失，商业机会的损失。

⑪产品的市场竞争力下降。

⑫职工本人和其他人的埋怨、牢骚、批评等。

职业健康安全事故损失包括直接损失和间接损失，损失的耗费远远超过医疗护理和疾病赔偿的费用，也就是说间接损失一般远远大于直接损失。

（2）风险引发事故造成损失的因素。风险引发事故造成损失的因素有两类，如表7-1所示。

表7-1 风险引发事故造成损失的因素

因素类别	症状表现
个人因素	（1）体能/生理结构能力不足，例如身高、体重、伸展不足，对物质敏感或有过敏症等 （2）思维/心理能力不足，例如理解能力不足，判断不良，方向感不良等 （3）生理压力，例如感官过度负荷而疲劳，接触极端的温度，氧气不足等 （4）思维/心理压力，例如感情过度负荷，注意力不集中等 （5）缺乏知识，例如训练不足，误解指示等 （6）缺乏技能，例如实习不足 （7）不正确的驱动力，例如不适当的同事竞争等
工作/系统因素	（1）指导/监督不足，例如委派责任不清楚或冲突，权力下放不足，政策、程序、作业方式或指引给予不足等 （2）工程设计不足，例如人类工效学考虑不足，运行准备不足等 （3）采购不足，例如储存材料或运输材料不正确，危险性项目识别不足等

续表

因素类别	症状表现
工作/系统因素	（4）维修不足，例如不足的润滑油和检修，不足的检验器材等 （5）工具和设备不足，例如工具标准不足，设备非正常损耗，滥用或误用设备等

对损失的控制不仅仅限于个人安全控制的范围。戴明博士和其他的管理学家发现，一家公司里的问题，大约15%是可以由职员控制的，约85%或以上是由管理层控制的。

损失并不是商业运作上"不可避免"的成本，而是可以通过管理来预防和消除的。

7.1.3　实施ISO 45001:2018职业健康安全管理体系的作用

如前所述，由危险因素造成的损失是可以预防和消除的，最好的办法是推行职业健康安全管理体系。实施职业健康安全管理体系的作用如下。

（1）为企业提供科学有效的职业健康安全管理体系规范和指南。

（2）使管理系统化，并以预防为主，是一种全员、全过程、全方位的安全管理。

（3）推动职业健康安全法规和制度的贯彻执行。

（4）使组织职业健康安全管理转变为主动自愿性行为，提高职业健康安全管理水平，形成自我监督、自我发现和自我完善的机制。

（5）有助于提高全民安全意识。

（6）改善作业条件，提高劳动者身心健康水平和安全卫生技能，大幅减少成本投入和提高工作效率，产生直接和间接的经济效益。

（7）改进人力资源的质量。根据人力资本理论，人的工作效率与工作环境的安全卫生状况密不可分，其良好状况能大大提高生产率，增强企业凝聚力和发展动力。

（8）在社会树立良好的品质、信誉和形象。因为优秀的现代企业除需具备经济实力和技术能力外，还应保持强烈的社会关注力和责任感、优秀的环境保护业绩和保证职工安全与健康。

7.2　ISO 45001:2018职业健康安全管理体系的建立

对于不同的企业，由于其组织特性和原有基础的差异，建立职业健康安全管理体系的过程不会完全相同。但总体而言，组织建立职业健康安全管理体系应采取如下步骤。

7.2.1　领导决策

企业建立职业健康安全管理体系需要领导者的决策，特别是最高管理者的决策。只有在最高管理者认识到建立职业健康安全管理体系必要性的基础上，组织才有可能在其决策下开展这方面的工作。另外，职业健康安全管理体系的建立，需要资源的投入，这就需要最高管理者对改善组织的职业健康安全行为作出承诺，从而使得职业健康安全管理体系的实施与运行得到充足的资源。

领导决策的作用如图7-4所示。

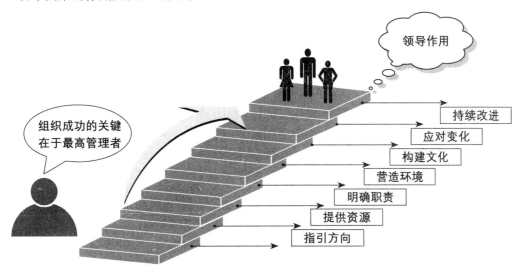

图7-4 领导决策的作用

最高管理者应证实其在职业健康安全管理体系方面的领导作用和承诺，通过以下方面体现。

（1）对保护员工的与工作相关的健康和安全承担全部职责和责任。

（2）确保建立职业健康安全方针和职业健康安全目标，并确保其与组织的战略方向相一致。

（3）确保将职业健康安全管理体系的过程和要求融入组织的业务过程。

（4）确保可获得建立、实施、保持和改进职业健康安全管理体系所需的资源。

（5）通过协商、识别以及消除妨碍参与的障碍，确保员工及员工代表（如有）的积极参与。

（6）就有效职业健康安全管理的重要性和符合职业健康安全管理体系要求的重要性进行沟通。

（7）确保职业健康安全管理体系实现其预期结果。

（8）指导并支持员工对职业健康安全管理体系的有效性做出贡献。

（9）通过系统的识别和采取措施以应对不符合、机遇以及与工作相关的危险源和风险，包括体系缺陷，确保及促进职业健康安全管理体系的持续改进，以提高职业健康安全绩效。

（10）支持其他相关管理人员在其职责范围内证实其领导作用。

（11）在组织内培养、引导和宣传支持职业健康安全管理体系的文化。

（12）保证工作人员在报告事件、危险源、风险和机遇时不受报复。

（13）确保组织建立和实施工作人员协商和参与的过程。

（14）支持健康和安全委员会的建立和运作。

7.2.2　成立工作组

当企业的最高管理者决定建立职业健康安全管理体系后，首先要从组织上给予落实和保证，通常需要成立一个工作组。

工作组的主要任务是负责建立职业健康安全管理体系。工作组的成员来自组织内部各个部门，工作组的成员将成为组织今后职业健康安全管理体系运行的骨干力量，工作组组长最好是将来的管理者代表，或者是管理者代表之一。根据组织的规模、管理水平及人员素质，工作组的规模可大可小，可专职或兼职，可以是一个独立的机构，也可挂靠在其他部门。

7.2.3　人员培训

工作组在开展工作之前，应接受职业健康安全管理体系标准及相关知识的培训。同时，组织体系运行需要的内审员，也要进行相应的培训。

7.2.4　初始状态评审

初始状态评审是建立职业健康安全管理体系的基础。组织应为此建立一个评审组，评审组可由组织的员工组成，也可外请咨询人员，或是两者兼而有之。

（1）初始状态评审的内容。根据建立职业健康安全管理体系的需要，初始状态评审可包括如下内容。

①辨识组织工作场所中的危险源，进行风险评价及风险控制策划。

②明确适用于组织的职业健康安全法律、法规和其他要求。

③评价组织对于职业健康安全法律、法规的遵循情况。

④评审过去的事故经验和有关职业健康安全方面的评价、赔偿经验及失败结果。

⑤评价投入到职业健康安全管理的现存资源的作用和效率。

⑥识别现存体系与标准之间的差距。

（2）辨识相关方的法规和其他要求。预先识别和获取组织适用的职业健康安全法律、法规及其他要求，是进行初始状态评审的基础。辨识相关方的法规和其他要求如图7-5例示。

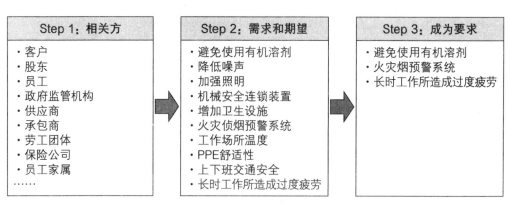

图7-5　辨识相关方的法规和其他要求例示

（3）信息收集及分析。在评审过程中，应注意从下列几方面收集信息。

①组织、工业协会和政府保存的疾病、事故和急救记录。

②员工的赔偿经历。保险公司对组织要求的回复经历、保险金的组成，及在工业行业中的比较结果。

③组织掌握的事、病假资料，能够间接反映组织职业健康安全管理薄弱环节的争议。

此外，还要注意从组织的外部有关部门收集信息，这些部门包括：与法规和许可证相关的政府机构；图书馆和信息部门；工业协会、企业家协会、工会；消费者协会；供应方；职业健康安全专业人员。

每个企业都会发现它原已包含一些管理体系的要素，所缺乏的是将其有机地结合到一起，形成一个完整的体系，用以改善职业健康安全绩效。

（4）危险源辨识、风险评价及风险控制。危险源辨识、风险评价及风险控制策划是初始状态评审中的一项主要工作内容。危险源种类、辨识、风险评价及风险控制见图7-6、图7-7。

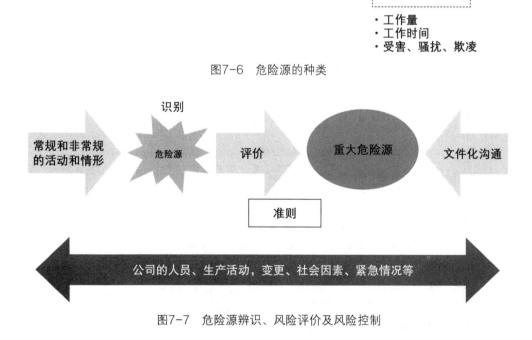

图7-6　危险源的种类

图7-7　危险源辨识、风险评价及风险控制

危险源辨识、风险评价及风险控制的方法见本书第2章的内容。

（5）初始状态评审报告。完成初始状态的现场评审后，应认真全面地整理、分析和归纳初始状态评审所获取的大量信息。将初始状态评审所完成的工作，编制成初始状态评审报告，会更有利于职业健康安全管理体系的建立、运行及保持。初始状态评审报告应篇幅适度、结构清晰。

报告应涵盖初始状态评审的主要内容，并对改进有关事项提出建议。

初始状态评审报告可采用如下编写格式。

①评审目的、范围。

②组织的基本情况。

③危险源辨识与风险评价。

④适用的职业健康安全法律、法规及其他要求（包括获取渠道、内容、登录等）。

⑤职业健康安全法律、法规遵循情况评价。

⑥职业健康安全管理方面的评审（包括事故经验、管理方面的成败得失）。

⑦现存管理体系与标准之间的差距分析。

⑧急需解决的优先项问题。

⑨建立、保持职业健康安全管理体系的有关建议。

7.2.5 体系策划与设计

体系策划阶段主要是依据初始状态评审的结论，制定职业健康安全方针，制定组织的职业健康安全目标、指标和相应的职业健康安全管理方案，确定组织机构和职责，筹划各种运行程序等。

（1）制定职业健康安全方针。职业健康安全方针是组织在职业健康安全管理工作中的宗旨，是组织总体方针的组成部分。

职业健康安全方针是组织在职业健康安全方面总的指导思想，是实施与改进组织职业健康安全管理的推动力，是组织开展职业健康安全管理工作的准则。职业健康安全方针应体现在组织各级管理的目标和计划中，从而具有保持和改进职业健康安全表现的作用，一般制定职业健康安全方针的依据应考虑图7-8所示几点。

1 初始状态评审的结果。组织在制定职业健康安全方针时，应首先清楚本企业可能导致事故的危险源及风险，组织自身职业健康安全管理活动的特点

2 组织的经营战略及战略方针，职业健康安全问题给组织带来的风险和机遇，内部及外部的制约条件，企业的资源与能力等

3 职业健康安全法律、法规及其他要求，组织作出的承诺

4 组织的类型、规模及现有水平

5 组织现有的其他方针，如组织总的经营方针、质量方针、环境方针等

6 利益相关方（如股东、员工）以及其他相关方对职业健康安全问题的观点

图7-8　制定职业健康安全方针的依据

制定职业健康安全方针应遵循图7-9所示原则。

 原则一 　　职业健康安全方针应反映组织的类型、规模和特点；应体现组织在一定时期的奋斗目标

 原则二 　　职业健康安全方针应与组织自身和区域环境相适应，要有针对性，不要写成口号式

 原则三 　　职业健康安全方针是动态的，将随着科学技术的进步，职业健康安全法律、法规及其他要求的变化，组织的发展，市场形势的变化等客观情况的改变来更新职业健康安全方针，不断地提出更高、更新的奋斗目标

 原则四 　　制定职业健康安全方针时，文字要简练，易于使组织全体员工及相关方理解

图7-9　制定职业健康安全方针的原则

职业健康安全方针示例：

职业健康安全方针

公司为全员创造、提供和保持健康与安全的工作环境，管理层及员工承诺：

以人为本，健康至上；

安全第一，预防为主；

落实责任，全员参与；

科学管理，依法治企；

持续改进，追求卓越。

（2）职业健康安全目标的制定。企业要实现职业健康安全方针所阐述的整体职业健康安全目标和持续改进的承诺，就需要确定具体的职业健康安全目标。

策划如何实现职业健康安全目标时，企业应确定图7-10所示事项。

1 要做什么

2 需要什么资源

3 由谁负责

4 何时完成

图7-10

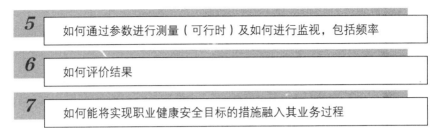

5	如何通过参数进行测量（可行时）及如何进行监视，包括频率
6	如何评价结果
7	如何能将实现职业健康安全目标的措施融入其业务过程

图7-10　策划职业健康安全目标应确定的七大事项

制定职业健康安全目标在内容上要达到如下几项要求。

①制定的目标要任务明确、具体，要有针对性；针对组织内部各层次，目标要可分解，目标要尽可能量化。

②有实现职业健康安全目标的技术措施及可选技术方案。

③明确实施职业健康安全目标的责任部门及责任人。

④有实施职业健康安全目标所需经费预算。

⑤规划实现职业健康安全目标的完成期限。

⑥其他有关经营和运行要求。

按上述要求，组织的职业健康安全目标一般由主管部门和相关部门制定，由特定任命的管理者汇总审定，填报职业健康安全目标计划表（见表7-2），报最高管理者审批实施。

表7-2　职业健康安全目标计划表

| 序号 | 职业健康安全风险 | 现状描述 | 职业健康安全目标 | 分目标 | 实施部门 | | | 经费预算 | 完成期限 | 其他要求 |
					主管部门	相关部门	责任人			

在此提供一份某企业职业健康安全管理方针、目标的范本，仅供读者参考。

范本7.01

职业健康安全管理方针、目标

安全第一　预防为主
持续改进　追求卓越

职业健康安全管理目标分解表

序号	部门名称	各部门质量、环境、职业健康安全管理目标
1	生产部	（1）员工经培训合格上岗率：100% （2）特种作业人员持证率：100% （3）本部门消防器材完好率：100% （4）文件控制正确率：100% （5）对职业病体检率：100% （6）劳动防护用品发放符合率：100% （7）消防器材完好率：100% （8）死亡事故为零 （9）重伤事故为零 （10）作业文件适宜可操作，评审合格率：100%
2	营销部	（1）外部信息及时处理并答复率：100% （2）顾客意见及时处理率：100% （3）合同评审率：100%
3	计划部	（1）合格供应商（承运商）评审率：100% （2）供应商业绩评审率：≥98% （3）货运安排准确率：≥99% （4）信息及时处理并答复率：100%
4	物流部	（1）同等及以上责任的重大交通事故：零 （2）本部门消防器材完好率：100% （3）安全设施完好率：≥99% （4）一般工伤事故率：≤2‰

（3）职业健康安全管理方案的编制。职业健康安全管理方案是实现职业健康安全目标的实施方案，它通过立项来策划消除或降低组织的职业健康安全风险，在内容的制定上要具体和具有可操作性。

完整的职业健康安全管理方案应包括如下几方面内容。

①依据组织制定的职业健康安全目标计划表，根据任务的需要制定目标实施计划书，其中应包括技术方案、技术要求、检测手段和方法、竣工验收的标准以及运行要求等。

②目标实施计划所需人力、物力及财力资源的预算表。

③目标实施计划的具体责任部门、责任人分工和时间进度计划表。

④目标实施计划执行的监督机制和管理制度。

对于规模不大或投资不多的职业健康安全管理方案，可以适当简化，表7-3可作为一种形式的参考。

表7-3　职业健康安全管理方案

职业健康安全目标：			
分目标：			
项目主管部门		项目负责人	
项目相关部门		项目财务预算	
主要技术方案及技术措施：			
项目实施计划			
项目内容	进度计划		
拟定		审核	批准项目
项目实施结果及说明： 项目主管部门： 年　　月　　日			
项目验收： 年　　月　　日			
备注： 年　　月　　日			

（4）明确组织机构和职责。企业建立职业健康安全管理体系，是为了有效地开展职业健康安全管理工作，而实现有效的职业健康安全管理，需要通过一定的并赋予相应的权限的组织机构来实现。

建立职业健康安全管理体系，应针对组织各职能和层次的人员，明确作用，赋予职责和权限。

（5）程序文件的策划。按职业健康安全管理体系标准要求，组织建立职业健康安全管理体系，该体系涉及如下几方面的管理要素要建立与保持程序文件。

①危险源辨识、风险评价与风险控制策划。

②法律与其他要求。

③培训、意识和能力。

④协商与交流。

⑤文件控制。

⑥运行控制。

⑦应急准备与响应。

⑧监视和测量。

⑨事故、事件、不符合、纠正与预防措施。

⑩记录。

⑪职业健康安全管理体系审核。

 特别提示

　　其他方面的管理要素只要求形成文件，并没对编制程序文件提出具体要求，是否需建立程序文件可由组织在建立职业健康安全管理体系时依据情况自定，但以下几方面一定要以文件形式展示。

　　（1）职业健康安全方针。

　　（2）组织的职业健康安全目标。

　　（3）实现职业健康安全目标的职业健康安全管理方案。

　　（4）实施职业健康安全管理体系过程中组织内部各部门和人员的职责与权限。

　　（5）实施管理评审的时机、目的和程序。

　　职业健康安全管理体系文件是上述两部分的总称，一般以职业健康安全管理手册、程序文件及配套的三级文件共同构成职业健康安全管理体系文件，形成一套以文件支持的职业健康安全管理制度，这套职业健康安全管理体系文件就是组织在职业健康安全管理工作中，必须严格遵照执行的，具有法规性的文件，同时也是组织申请第三方审核认证的重要依据。

7.2.6　职业健康安全管理体系文件编制

　　编制体系文件是组织实施职业健康安全管理体系标准，建立与保持职业健康安全管理体系并保证其有效运行的重要基础工作，也是组织是否达到预定的职业健康安全目标的评价与改进体系，以及实现持续改进和风险控制必不可少的依据和见证。体系文件还需要在体系运行过程中定期、不定期评审和修改，以保证它的完善和持续有效。

　　（1）职业健康安全管理体系文件结构。职业健康安全管理体系标准中并未对职业健康安全管理体系文件的结构提出具体要求，但依据ISO 9001质量管理体系文件的经验，一般也可把职业健康安全管理体系文件结构分成三个层次，如图7-11所示。

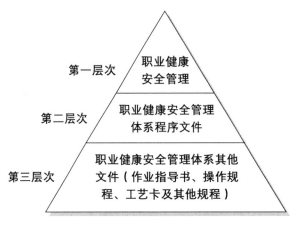

图7-11　职业健康安全管理体系文件

（2）职业健康安全管理手册的主要内容。职业健康安全管理手册通常包括如下内容。

①组织的职业健康安全方针。

②职业健康安全目标要求。

③职业健康安全管理方案实施描述。

④组织结构及职业健康安全管理工作的职责和权限。

⑤依据职业健康安全管理体系标准的要求，并结合组织活动、产品或服务的特点，对标准中全部管理要素的实施要点进行描述。

⑥职业健康安全管理手册的审批、管理和修改的规定等。

（3）程序文件的结构格式和内容。在职业健康安全管理体系程序文件中，通常包括管理活动的目的和范围；谁来做和做什么；何时、何地以及如何做，采用什么材料、设备和技术；如何对活动进行控制和记录等内容。为便于规范组织的安全生产管理行为，程序文件建议采用如下统一的结构格式。

①程序文件的编号和程序文件名称。程序文件的编号应体现标准条款中管理要素的编号以及管理活动的层次，以便识别。程序文件名应明确说明开展的活动及其特点。如："危险源辨识及风险评价程序""职业健康安全管理体系内部审核程序"等。

②程序文件的内容。程序文件的内容如表7-4所示。

表7-4　程序文件的内容

序号	项目	内容说明
1	目的和适用范围	简要说明该程序管理活动的目的和适用范围
2	引用的标准及文件	引用的标准及文件包括国家、行业以及企业内部制定的与本程序实施相关联的文件，如其他程序文件等
3	定义	本程序文件中涉及的行业及企业常用的术语定义，以便于理解
4	职责	指明实施该程序文件的主管部门及相关部门、职责、权限，接口及相互关系

续表

序号	项目	内容说明
5	工作程序	列出实施此项管理活动的步骤，保持合理的编写顺序，明确输入、转移和输出的内容；明确各项活动的接口关系、职责、协调措施；明确每个过程中各项活动由谁干、什么时间干、什么场合（地点）干、干什么、怎么干、如何控制及所要达到的要求，需形成记录和报告的内容；出现例外情况下的处理措施等，必要时附上流程图
6	报告和记录格式	确定使用该程序时的记录和报告格式，记录和保存的期限
7	相关文件	列出与该程序文件相关的作业指导书、操作规程、工艺卡及其他有关规程等支撑性文件的清单

程序文件文字应简练、明确易懂，并得到主管部门负责人同意以及相关部门对接口关系的认可，经审批后实施。

在此提供几份不同的职业健康安全管理文件范本，仅供参考。

范本7.02
ISO 45001:2018职业健康安全管理体系手册

0. 关于本手册

0.1 概要

本职业健康安全管理体系手册是依据2018年版ISO 45001标准制定。内容中规定公司所有活动、服务过程中涉及职业健康安全危害事项的处理，以满足持续改进及利害相关方的要求。

本手册阐述了本公司的职业健康安全管理政策，作为本公司职业健康安全管理工作的基本规定和准则及执行职安卫管理作业文件之依据。

本管理手册既是本公司职业健康安全管理体系的指导性文件，同时也是进行企业职业卫生与劳动保护管理全过程实施全案该体系教育的重要教材和公司对外的宣传资料。

0.2 发布令

×××有限公司的职业健康安全管理手册按照《职业健康安全管理体系标准》（ISO 45001:2018）编制。符合国家法律法规和其他要求，所建立的职业健康安全管理体系覆盖《职业健康安全管理体系标准》（ISO 45001:2018）的各项要求，并且适用于本公司的特点和现状。

《职业健康安全管理手册》A版现予批准发布，于____年____月____日生效实施。《职业健康安全管理手册》一经发布即成为职业健康安全管理活动的法规性文件，全体员工必须遵照执行。

总经理：×××

____年____月____日

0.3 任命书

管理者代表任命书

为了贯彻执 ISO45001:2018的要求，加强对职业健康安全管理体系运作的领导，我任命×××先生为管理者代表，并履行如下职责。

1. 确保按职业健康安全管理体系标准建立、实施和保持职业健康安全管理体系的要求。

2. 确保向最高管理者提交职业健康安全管理体系绩效报告，以供评审，并为改进职业健康安全管理体系提供依据。

3. 确保在整个公司内提高满足客户要求和符合职业健康安全方针、程序及其管理体系要求的意识和执行力。

×××先生在职业健康安全管理体系运作事务上的职责与公司每个部门都有直接的关系，因此，希望各部门在他推动职业健康安全管理体系运作过程中给予全力的支持与合作。

总经理：×××

____年____月____日

职业健康安全管理事务代表任命书

为了进一步加强员工职业健康安全方面的沟通和协商，反映员工在职业健康安全方面的意见和建议，维护员工应有权益，经公司员工推荐并经公司领导决定，任命×××同志为职业健康安全事务代表。职业健康安全事务代表在公司 ISO45001:2018职业健康安全管理体系中代表员工履行以下职责。

1. 参与公司发展战略和资源配置等重大问题的协商讨论与审查，参与职业健康安全方针和目标的制订和评审。

2. 参与商讨影响工作场所职业健康安全的任何变化，在职业健康安全事务上收集和反映员工的意见，享有代表权。

3. 参与危险源辨识、风险评价和确定控制措施。

4. 参与职业健康安全管理方案和运行准则实施及适用法律法规遵守情况的监督与检查，参与事故、事件、职业病的调查和处理。

总经理：×××

____年____月____日

0.4 公司简介

略。

1. 目的和范围

1.1 目的

建立并保持职业健康安全管理体系，确定文件化的职业健康安全方针、目标，通过危险源辨识和风险评价的结果，制定出职业健康安全管理方案和运行控制程序并有效实施，以达到不断提高职业健康安全绩效的目的。

1.2 范围

本手册按《职业健康安全管理体系标准》（ISO 45001：2018）的要求，对公司的职业健康安全管理手册进行了描述。

本手册规定了本公司建立的职业健康安全管理体系的总体要求，适用于本公司为客户的提供的××的生产和服务的范围，也适用于第三方对公司进行的职业健康安全管理体系审核。

2. 规范性引用文件

本手册的编制是依据《职业健康安全管理体系标准》（ISO 45001:2018）与行业相关法律法规及标准而编制。

3. 术语和定义

略。

4. 组织所处的环境

4.1 组织所处的环境

公司应确定外部和内部那些与公司的宗旨、战略方向有关、影响管理体系实现预期结果的能力的事务。需要时，公司应更新这些信息。在确定这些相关的内部和外部事宜时，公司应考虑以下方面。

（1）可能对公司的目标造成影响的变更和趋势。

（2）与相关方的关系，以及相关方的理念、价值观。

（3）公司管理、战略优先、内部政策和承诺。

（4）资源的获得和优先供给、技术变更。

4.2 员工及相关方的需要和期望

4.2.1 公司已确定与管理体系有关的相关方，主要如下。

（1）直接顾客。

（2）最终使用者。

（3）供应链中的供方、分销商、零售商及其他。

（4）立法机构。

（5）其他与公司利益有关的个人或组织。

4.2.2 公司应理解和满足影响上述相关方的需求和期望，并确定这些和期望中哪些将成为其合规义务。

4.2.3 当公司的经营场所、股东结构、产品类型、主要市场、组织架构等发生重大变化和调整时，应更新以上确定的结果。

4.3 确定职业健全管理体系的范围

公司应界定职业健康安全管理体系的边界和应用，以确定其范围。在确定职业健康安全管理体系范围时，公司应考虑以下方面。

（1）4.1所提及的内、外部问题。

（2）4.2所提及的合规义务。

（3）其组织单元、职能和物理边界。

（4）其活动、产品和服务。

（5）其实施控制与施加影响的权限和能力。

范围一经确定，在该范围内组织的所有活动、产品和服务均须纳入职业健康安全管理体系。应保持范围的文件化信息，并可为相关方获取。

4.4 职业健康安全管理体系总要求

为实现公司的预期结果，包括提高其职业健康安全绩效，公司根据本标准的要求建立、实施、保持并持续改进职业健康安全管理体系，包括所需的过程及其相互作用。

公司组织建立并保持职业健康安全管理体系时，应考虑4.1和4.2获得的知识。

5. 领导作用与员工参与

5.1 领导作用和承诺

最高管理者应证实其在职业健康安全管理体系方面的领导作用和承诺，通过以下方面体现。

（1）对职业健康安全管理体系的有效性负责。

（2）确保建立职业健康安全方针和目标，并确保其与组织的战略方向及所处的环境相一致。

（3）确保将职业健康安全管理体系要求融入组织的业务过程。

（4）确保可获得职业健康安全管理体系所需的资源。

（5）就有效职业健康安全管理的重要性和符合职业健康安全管理体系要求的重要性进行沟通。

（6）确保职业健康安全管理体系实现其预期结果。

（7）指导并支持员工对职业健康安全管理体系的有效性做出贡献。

（8）促进持续改进。

（9）支持其他相关管理人员在其职责范围内证实其领导作用。

5.2 职业健康安全方针

×××有限公司的职业健康安全方针阐明了公司职业健康安全管理的战略意图和原则，为职业健康安全管理的目标指标提供纲领性框架，并体现企业的特点。公司总经理批准公司的职业健康安全方针，并确保其达到以下目标。

（1）适合于本公司活动、产品和服务的性质、规模与环境影响。

（2）包括对持续改进、污染预防、遵守环境法律法规和其他要求，满足规定要求的承诺。

（3）定期评审，以保证其适用性和有效性。

（4）依照方针建立和评审环境目标和指标。

（5）形成文件，付诸实施，予以保持，并通过培训等方式传达到全体员工，使全体员工理解和执行。

（6）方针向公众公开，进行坦诚交流与对话。公司的职业健康安全方针形成文件，由总经理颁布，通过书面的形式传达到全体员工及相关方，并由管理者代表组织实施。

（7）通过定期评审和不定期的评审保证方针的适用性和有效性。定期评审每年一次在管理评审时对方针进行评审；当出现下列情况时由总经理对职业健康安全方针进行评审。

——本公司的规模和性质发生较大变化时。

——法律法规出现较大的变化时。

——重要环境因素出现较大变化时。

——出现较为严重的环境事故时。

——相关方的要求时。

（8）其他总经理认为必要时将对职业健康安全方针的实施情况和适用性进行评审予以评估，必要时进行修订，确保方针的持续有效性。

职业健康安全方针对内的传达方式：下达文件、颁布手册、画册宣传、张贴于门前等。各部门可将职业健康安全方针放置在醒目位置，对外应公开，通过传真、宣传画册等方式对外宣传。

职业健康安全方针

为了创建良好的工作环境，保障公司全员的健康与安全，避免公司财产遭受意外的损失，使公司得到持续的发展，以及更好地承担企业的社会责任，树立良好的企业形象，提高社会与客户满意，公司建立并维持职业健康安全体系，实施以下方针：

全员参与，预防为主，

安全健康，遵法守纪。

公司全员在各岗位工作中，必须共同贯彻执行此方针；

公司通过各种途径，向外界公布此方针。

5.3 岗位、责任、职责与权限

5.3.1 为实施职业健康安全管理体系，本公司设立了相应的一体化管理架构，并在以下条款对本公司各级部门和人员的职责及权限进行了规定。

本公司职业健康安全管理组织架构如下图所示。

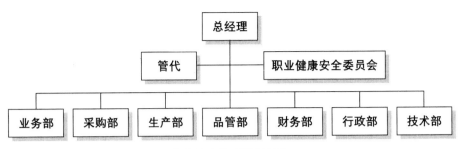

职业健康管理组织架构

5.3.2 各部门职能分配

5.3.2.1 总经理

（1）制定职业健康安全方针。

（2）任命职业健康安全管理者代表。

（3）保证职业健康安全管理管理体系持续有效运行所需的资源。

（4）主持职业健康安全管理体系定期的管理评审。

（5）制定职业健康安全管理目标、指标和职业健康安全管理方案，批准本手册的发布。

5.3.2.2 职业健康安全管理者代表

（1）确保按照标准的要求建立、实施并保持职业健康安全管理体系。

（2）审核本管理手册。

（3）审批程序文件。

（4）组织职业健康安全管理体系的内部审核工作，审批内审报告。

（5）审核目标、指标和职业健康安全管理方案。

（6）向总经理汇报职业健康安全管理体系运行情况。

（7）审批重要危险因素。

（8）组织相关人员进行风险分析及评估。

（9）公司组织所处环境的分析。

5.3.2.3 行政部

（1）在管理者代表领导下，负责职业健康安全管理体系建立、运行过程中的组织、协调、检查与考核工作。

（2）负责组织有关部门起草修订职业健康安全管理体系文件，负责文件管理。

（3）负责职业健康安全管理体系的记录管理。

（4）负责公司内外部信息交流。

（5）负责纠正与预防措施的跟踪验证。

（6）负责职业健康安全法律法规的获取确认。

（7）协助管理者代表进行风险、危害因素的识别与评价。

（8）负责全体员工的培训管理工作。

（9）负责职业健康安全目标、指标和职业健康管理方案的管理、检查。

（10）负责公司消防安全管理工作。

（11）负责应急准备和响应方案的制定和实施。

（12）对内审、管理评审及体系运行检查发现的不符合制定纠正措施，落实整改。

5.3.2.4 采购部

（1）负责易燃、易爆物资及有毒有害化学品的采购、运输。

（2）负责向相关方的职业健康安全管理施加影响。

（3）仓库负责化学品储存、发放的管理，以预防紧急或潜在事故的发生。

（4）负责对公司易燃易爆品库房等重要地点的安全防范工作。

5.3.2.5 工程部

（1）负责新技术、新方法、新材料、新项目的引进和应用。

（2）负责新建、扩建、改进项目过程中，劳动安全卫生预评价以及职业健康安全设备、设施"三同时"落实。

（3）负责生产过程中的运行控制。

（4）负责生产过程中的应急准备与响应的实施。

（5）负责所管辖相关方的职业健康安全管理。

（6）负责生产工艺的改进及革新，以预防事故、降低职业健康安全风险。

（7）负责检验测量仪器设备的维护和校准，对于没有校准能力的仪表，按期送权威部门校准。

（8）负责公司施工现场的作业环境和风险的监测。

（9）全权负责本部门职业健康安全管理体系的有效运行。

（10）负责本部门的职业健康安全协商与信息交流，并配合管理部的信息交流。

5.3.2.6 业务部

（1）负责收集各销售区域对公司活动、产品或服务相关的环境/职业健康安全信息，并对其施加环境／职业健康安全影响；负责向用户宣传公司管理体系方针。

（2）销售人员负责有关相关方的职业健康安全要求受理。

（3）负责销售和服务过程中的应急准备与响应的实施。

（4）负责所管辖相关方的职业健康安全管理。

（5）负责做好有关环境/职业健康安全宣传工作。

5.3.2.7 生产部

（1）负责对本公司所有生产系统进行计划、组织、控制等。

（2）负责适时、适质、适量地完成生产任务。

（3）负责生产人员调度、工作安排及生产计划的完成。

（4）对生产过程中产品质量负责。

（5）负责产品（半成品、成品）的测试。

（6）负责半成品和成品的挑选、返工、测试。

（7）配合研发完成对新产品的试制。

（8）对部门职业健康安全风险和危险源进行识别、评价及更新。

5.3.2.8 财务部

（1）对职业健康安全管理投入费用给予支持。

（2）对部门职业健康安全风险和危险源进行识别、评价及更新。

5.4 参与和协商

5.4.1 概述。建立并保持《信息交流管理程序》，确保与员工及其他相关方进行有关的职业健康安全信息的交流。

5.4.2 职责

（1）管理部是公司职业健康安全信息的综合管理部门，负责内、外部职业健康安全信息的交流与管理。

（2）各部门负责相应业务范围内职业健康安全信息的交流与处理，并配合管理部。

（3）管理者代表负责重大职业健康安全信息处理的审批。

5.4.3 控制要求

5.4.3.1 内部信息交流。公司各层次与职能部门之间的信息，由产生的单位传达到相关部门和人员。

5.4.3.2 外部信息交流。由管理部负责接受并进行处理，并将结果传递到相关部门，对相关方要求予以答复。

5.4.3.3 所有职业健康安全管理体系运行中所产生的信息均应记录其内容和处理结论。

5.4.3.4 特别强调非管理类员工参与下述活动

（1）确定他们参与和协商的机制。

（2）危险源辨识和风险评价。

（3）控制危险源和风险的措施。

（4）识别能力、培训和培训评价的需求。

（5）确定需要沟通的信息以及如何沟通。

（6）确定控制措施及其有效应用。

（7）调查事件和不符合并确定纠正措施。

5.4.3.5 特别强调非管理类员工参与协商下述活动

（1）确定相关方的需求和期望。

（2）制定方针。

（3）适用时分配组织的岗位、职责、责任和权限。

（4）确定如何应用法律法规要求和其他要求。

（5）制定职业健康安全目标。

（6）确定外包、采购和分包商的适用的控制方法。

（7）确定哪些需要监视、测量和评价。

（8）策划、建立、实施并保持一个或多个审核方案。

（9）建立一个或多个持续改进过程。

5.4.4 相关文件：《信息交流管理程序》。

6. 策划

按照公司方针和目标的要求，管理部对管理体系的各项基本活动进行策划，策划的结果在相关的管理体系文件中予以规定。

6.1 应对风险和机遇的措施

6.1.1 总则。策划职业健康安全管理体系时，公司考虑到4.1所描述的因素（所处的环境）、4.2所提及的要求（相关方）和4.3（职业健康安全管理体系范围），确定需要应对的风险和机遇，以便达到如下效果。

（1）确保职业健康安全管理体系能够实现其预期结果。

（2）预防或减少不期望的影响。

（3）实现持续改进。公司考虑在策划过程中员工的有效参与以及适当时其他相关方的参与，确定需要应对的风险和机遇时，公司考虑以下方面。

（1）职业健康安全危险源及其相关联的职业健康安全风险和机遇。

（2）适用的法律法规要求和其他要求。

（3）与职业健康安全管理体系运行有关的能够影响实现预期结果的风险和机遇。

公司编制了《应对风险和机遇控制程序》管控公司的环境风险和风险控制。

6.1.2 险源辨识和职业健康安全风险评价。建立并保持《危险因素识别、评价控制程序》，对活动、产品、服务过程中的危险、危害因素进行识别、评价，确定重要危险因素并及时更新。

6.1.2.1 职责

（1）各部门负责本部门内部的危险、危害因素识别。

（2）管理部负责危险、危害因素的汇总、登记、核定和重要危险、危害因素的评价工作。

（3）管理者代表负责重要危险因素清单的批准。

6.1.2.2 控制要求危险源辨识。公司建立、实施并保持一个过程，以持续积极地对产生的危险源进行辨识。危险源辨识过程应考虑但不限于以下方面。

（1）常规和非常规的活动和情形

①工作场所的基础设施、设备、材料、物质和物理条件。

②因产品设计而产生的危险源，包括研究、开发、测试、生产、组装、施工、服务交付、维护或处置。

③人为因素。

④工作实际是如何完成的。

（2）紧急情况。

（3）人员

①进入工作场所的人员及其活动，包括员工、承包商人员、访问者和其他人员。

②在工作场所附近的可能受到组织活动影响的人员。

③在不受组织直接控制的地点的员工。

（4）其他问题

①工作区域、过程、安装、机器／设备、操作程序和工作组织的设计，包括它们对人员能力的适应性。

②在工作场所附近发生的由工作相关的活动造成的组织控制下的情况。

③ 在工作场所附近发生的可能对工作场所中的人员造成与工作相关的伤害和健康损害的不受组织控制的情况。

（5）组织及其运行、过程、活动和职业健康安全管理体系实际或有计划的变更。

（6）危险源知识和危险源信息的变更。

（7）公司内部或外部曾经发生的事件，包括紧急情况及其原因。

（8）工作组织形式和社会因素，包括工作量、工作时间、领导作用和组织文化。

6.1.2.3 职业健康安全风险和其他职业健康安全管理体系风险的评价组织应建立、实施和保持一个或多个过程，以便做到以下方面。

（1）评价已识别出的危险源中的职业健康安全风险，此时须考虑适用的法律法规要求和其他要求以及现有控制措施的有效性。

（2）识别和评价与建立、实施、运行和保持职业健康安全管理体系有关的风险。其风险可能来自于所识别的问题和需求、期望。公司用于评价职业健康安全风险的方法和准则应在范围、性质和时机方面进行界定，以确保其是主动的而非被动的并且以系统的方式运用。应保持和保留这些方法和准则的文件化信息。

6.1.2.4 识别职业健康安全机遇和其他机遇。公司建立、实施和保持一个或多个过程，以识别以下内容。

（1）提升职业健康安全绩效的机遇，此时须考虑以下方面。

① 组织及其过程或活动的有计划的变更。

② 消除或减少职业健康安全风险的机遇。

③ 使工作、工作组织和工作环境适合于员工的机遇。

（2）改进职业健康安全管理体系的机遇。

6.1.2.5 相关文件：《危险因素识别、评价控制程序》。

6.1.3 法律法规与其他要求评定

6.1.3.1 概述。建立并保持程序以获取职业健康安全方面的法律法规、标准及其他要求，确认其对本公司的适用性，并跟踪其变化以便及时更新。

6.1.3.2 职责

（1）管理部负责职业健康安全法和法律法规、标准及其他相应要求的获取、适用性确认及更新，并对符合性进行检查。

（2）各部门应严格遵守已确认的职业健康安全法律法规、标准和其他要求。

6.1.3.3 控制要求

（1）确定并获取适用于组织危险源和职业健康安全风险的、最新的法律法规要求和其他组织应遵守的要求。

（2）确定如何将这些法律法规要求和其他要求应用于组织，并确定需要沟通的内容。

（3）公司在建立、实施、保持和持续改进其职业健康安全管理体系时必须考虑这些法律法规要求和其他要求；保持和保留其适用的法律法规要求和其他要求的文件化信息，同时应确保对其进行更新以反映任何变化情况。

6.1.3.4 相关文件：《法律、法规及其他要求识别和获取控制程序》。

6.1.4 措施的策划

公司应采取策划行动来解决重要职业健康安全危害因素和合规义务,如对公司运营和管理过程中的风险和机会进行识别及采取措施。将策划行动整合到管理体系或其他商业行为的实施过程,并评估这些策划行动的有效性。公司策划如下。

(1)措施的目标是:应对这些风险和机遇;应对适用的法律法规要求和其他要求;准备应对紧急情况和对紧急情况做出响应。

(2)具体措施

①在其职业健康安全管理体系过程中或其他业务过程中融入并实施这些措施。

②评价这些措施的有效性。策划措施时,组织应考虑控制层级和职业健康安全管理体系的输出。

策划措施时,组织应考虑最佳实践、可选技术方案、财务、运行和经营要求及限制。在策划这些行动时,公司应考虑技术方案、财务、运营和业务的需求。

6.2 职业健康安全及其实现的策划

公司制定《职业健康安全目标和管理方案控制程序》,管理职业健康安全目标的制定,以及对职业健康安全目标的实现进行策划。

6.2.1 职业健康安全目标与方案

6.2.1.1 概述。依据本公司职业健康安全方针与适用的法律、法规及其他相关要求,结合已确定的重大危险,制定职业健康安全目标和指标,以实现对工伤事故和职业病的预防和持续改进。

6.2.1.2 职责

(1)公司制定、修订后的职业健康安全管理方案应形成文件,经管理者代表审核,总经理批准。

(2)为了保证职业健康安全管理方案的实施,公司的最高管理者应保证所需资源的落实。

(3)管理部每季度对职业健康安全管理方案执行情况进行检查,并及时通报检查结果,做好记录。

6.2.1.3 职业健康安全管理方案的修订

(1)职业健康安全管理方案每年制订一次。如遇职业健康安全目标和指标或其他客观情况发生重大变化时,管理部应及时组织有关部门对管理方案进行修订或补充。

(2)职业健康安全管理方案需要修订时由具体责任部门提出报管理者代表审查。

(3)由于管理评审或审核要求应对管理方案进行修订。

7. 支持

7.1 资源

公司确定并提供建立、实施、保持和持续改进职业健康安全管理体系所需的资源。

7.2 能力

公司制定了《人力资源控制程序》和《各部门岗位职责》,确保以下几项实现。

(1)确定对组织职业健康安全绩效有影响或可能有影响的员工所需的能力。

（2）基于适当的教育、入职引导、培训或经历，确保员工能够胜任工作。

（3）适当时，采取措施以获得所必需的能力，并评价所采取措施的有效性。

（4）保留适当的文件化信息作为能力的证据。

7.3 意识

公司应让员工意识到以下方面。

（1）职业健康安全方针。

（2）他们对职业健康安全管理体系有效性的贡献，包括对改进职业健康安全绩效的贡献。

（3）不符合职业健康安全管理体系要求的后果，包括他们的工作活动的实际或潜在的后果。

（4）相关事件调查的信息和结果。

（5）与他们相关的职业健康安全危险源和风险。

7.4 信息和沟通

公司确定与职业健康安全管理体系有关的内外部信息和沟通需求，包括以下内容。

（1）通知和沟通的内容。

（2）何时进行通知和沟通。

（3）通知谁及与谁进行沟通。在组织内部各层次和职能之间；与到达工作场所的承包商人员和访问者：与其他外部或相关方。

（4）如何进行通知和沟通。

（5）如何接收、保持相关沟通及回应的文件化信息。

文件化信息详见《内外部沟通控制程序》。

7.5 文件化信息

7.5.1 总则。根据ISO 45001：2018标准的要求，公司制定并建立了职业健康安全管理体系文件，这些文件包括以下内容。

（1）方针和目标。

（2）管理手册。

（3）程序文件。

（4）作业文件。

（5）管理体系所要求的记录。

7.5.2 创建和更新。为对职业健康安全管理体系运行中的所有文件（包括记录的格式）进行控制，公司编制了《文件控制程序》，对以下内容作了规定。

（1）识别和描述（例如：标题、日期、作者或文献编号）。

（2）形式（例如：语言文字、软件版本、图表）与载体（例如：纸质、电子）。

（3）评审和批准，以确保适宜性和充分性。

7.5.3 文件信息控制公司制定了在职业健康安全管理体系运作过程中所需要使用的文件、资料和记录表格，并按照《文件控制程序》和《记录控制程序》进行管理。

（1）由文控中心对文件进行归口管理，以保证在使用处可得到有效版本的使用文件。

（2）文件的更改过程予以记录，并采用修订状态的标识，以便识别文件的现行状态。

（3）对外来文件和外发文件进行统一登记，并建立受控文件清单，保证外来文件得到识别，并控制其分发。

（4）规定了作废文件的处理方法，对作为参考而保留的作废文件加适当的标识以防止误用。

（5）作为记录的文件，应按《文件控制程序》要求进行控制。

（6）记录作为职业健康安全管理体系有效运行的证据，必须予以保持。

（7）记录的收集和初步整理由产生记录的相关部门负责。

（8）记录的标识、储存、保护、检索、保存期限和处置的方法由文控中心统一规定，相关部门配合实施。

8. 运行

8.1 运行策划和控制

8.1.1 总则。公司建立、实施、控制并保持满足职业健康安全管理体系要求以及实施6.1和6.2所识别的措施所需的过程，通过建立过程的运行准则，按照运行准则实施过程控制。〔注：控制可包括工程控制和程序控制。控制可按层级（例如：消除、替代、管理）实施，并可单独使用或结合使用。〕

公司对计划内的变更进行控制，并对非预期性变更的后果予以评审，必要时，应采取措施降低任何有害影响。

公司确保对外包过程实施控制或施加影响。应在职业健康安全管理体系内规定对这些过程实施控制或施加影响的类型与程度。从生命周期观点出发，公司考虑以下内容。

（1）适当时，制定控制措施，确保在产品或服务设计和开发过程中，考虑其生命周期的每一阶段，并提出职业健康安全要求。

（2）适当时，确定产品和服务采购的环境要求。

（3）与外部供方（包括合同方）沟通其相关环境要求。

（4）考虑提供与产品或服务的运输或交付、使用、寿命结束后处理和最终处置相关的潜在重大环境影响的信息的需求。

公司保持必要的文件化信息，以确信过程已按策划得到实施。本公司制订了《职业健康安全运行控制程序》，明确与重要职业健康安全危害因素有关的活动、产品或服务，并对其运行准则进行控制。与重要职业健康安全危害因素有关的活动相关的岗位，应严格执行程序和相关支持性文件。对于所提供的产品或服务中涉及重要职业健康安全危害因素的供应商，公司依据《对相关方施加影响管理程序》对其施加影响，使他们的行为符合程序和有关要求。

8.1.2 层级控制

8.1.2.1 在公司管理过程中，明确各职位的职责、权力和利益，各在其位，各司其职，各负其责，严格按照组织程序办理。

8.1.2.2 公司层级分为高层管理者、中层管理者、基层管理者及一线员工等。

（1）高层管理者是指处于最高管理层次的管理者。其主要职责是制定组织的发展目标、发展战略；代表组织与外部环境进行联系；对组织的所有者负责；协调与管理组织内部的各项活动。

（2）中层管理者指组织中各个部门（包括职能管理部门和直线管理部门）的管理者。其主要职责是落实高层管理者的计划与决策，并协调基层管理者的活动。

（3）基层管理者（如车间主任）是指直线部门中把中层管理者的计划更加具体化地分配给组织中的业务活动者，并对业务活动者的活动进行协调的管理人员。

（4）一线员工，是直接产生效益的部门下的员工。一般来讲都是直接执行管理层指令的员工。

8.1.3 公司建立了过程并确定了实现减少职业健康安全风险的控制措施。

（1）消除危险源。

（2）用危险性较低的材料、过程、运行或设备替代。

（3）运用工程控制措施。

（4）运用管理控制措施。

（5）提供并确保使用充分的个人防护装备。

8.2 变更管理

公司建立了过程以实施和控制影响职业健康安全绩效的有计划的变更。

（1）新的产品、过程或服务。

（2）工作过程、程序、设备或组织结构的变更。

（3）适用的法律法规要求和其他要求的变更。

（4）有关危险源和相关的职业健康安全风险的知识或信息的变更。

（5）知识和技术的发展。公司控制临时性的和永久性的变更，以推动职业健康安全机遇，并确保其不会对职业健康安全绩效产生不利的影响。

公司对非预期性变更的后果予以评审，必要时，应采取措施降低任何不利影响，包括应对潜在的机遇。

8.3 外包

8.3.1 外包过程是为了管理体系的需要，由公司选择，并由外部方实施的过程。包括产品生产工序、仓储、运输、计量、产品检测、劳务工招聘、辅助设备的维护、污水处理、消防器材年检、危险废弃物处理、环境监测、职业健康因素检测及职业健康体检等。这些外包过程是否满足公司的需要，都应得到识别和控制。

8.3.2 对已经识别出来的所需的各个外包过程，组织要确保对其实施控制。

外包过程的控制，组织不能免除其满足法律法规和顾客要求的责任。

针对已经识别出的这些外包过程，需考虑这当中哪些是有直接影响的（即主要的），哪些是有间接影响的（即次要的）；也需考虑对外包过程控制的分担程度以及实现必要控制外包过程的能力。

8.4 采购

8.4.1 采购过程。公司确保采购的产品符合规定的采购要求。对供方及采购的产品控制的类型和程度应取决于采购的产品对随后的产品实现或最终产品的影响。

公司根据供方按组织的要求提供产品的能力评价和选择供方。应制定选择、评价和重新评价的准则。评价结果及评价所引起的任何必要措施的记录应予保持。

公司确保供方对职业健康安全的需求及期望，对供方职业健康安全的绩效进行评价。

8.5 承包方

公司应建立过程，用以识别和沟通因下述情况产生的危险源并评价和控制相应的职业健康安全风险。

（1）承包商的活动和运行对组织的员工。

（2）组织的活动和运行对承包商的员工。

（3）承包商的活动和运行对工作场所的其他相关方。

（4）承包商的活动和运行对承包商自身员工。

公司建立和保持过程以确保承包商及其员工符合组织的职业健康安全管理体系要求。这些过程应包括选择承包商的职业健康安全准则。

8.6 应急准备和响应

8.6.1 概述。公司建立并保持职业健康安全潜在事故或紧急情况控制程序，作出应急预案与响应，预防或减少事故及职业病或职业伤害。

8.6.2 职责

（1）管理部负责确定哪些部门、岗位可能发生紧急情况，并会同其职能部门对危险控制情况进行检查。

（2）各职能部门负责对潜在的事故或紧急情况进行预防控制。

（3）总经理负责应急准备与响应中所必需的资源配置。

8.6.3 控制要求

（1）建立紧急情况的响应计划，包括急救。

（2）定期测试和演练应急响应能力。

（3）评价应急准备过程和程序，必要时对其进行修订，包括在测试后特别是在紧急情况发生后。

（4）向公司所有层次的所有员工沟通和提供与他们的岗位和职责相关的信息。

（5）提供紧急预防、急救、应急准备和响应的培训。

（6）与承包商、访问者、应急响应服务机构、政府当局以及适当时当地社区沟通相关信息。公司在过程的所有阶段考虑所有相关方的需求和能力并确保他们的参与。

公司保持和保留过程及响应潜在的紧急情况的计划的文件化信息。

8.6.4 相关文件：《应急准备和响应控制程序》。

9. 绩效评价

9.1 总则

9.1.1 公司建立、实施和保持一个过程，用以监视、测量和评价。公司确定以下事项。

（1）需要监视和测量的内容，包括以下方面。

①适用的法律法规要求和其他要求。

②与所识别的危险源和职业健康安全风险及职业健康机遇相关的活动和运行。

③运行控制措施。

④公司的职业健康安全目标。

（2）组织评价其职业健康安全绩效所依据的准则。

（3）适用时，监视、测量、分析与评价的方法，以确保有效的结果。

（4）何时应实施监视和测量。

（5）何时应分析、评价和沟通监视和测量结果。适用时，公司确保监视和测点设备经校准或经验证，确保恰当使用并对其进行适当的维护。

9.1.2 遵守法律法规要求和其他要求的评价。公司策划、建立、实施和保持一个过程，以评价适用的法律法规要求和其他要求的符合性。公司确保以下事项。

（1）确定评价合规性的频次和方法。

（2）评价合规性。

（3）必要时按照10.1采取措施。

（4）保持其法律法规要求和其他要求的合规情况的知识和理解。

（5）保留合规性评价结果的文件化信息。

9.2 内部审核

9.2.1 内部审核目标。制定并执行《内部审核控制程序》，公司按计划的时间间隔实施内部审核，以提供下列职业健康安全管理体系的信息。

（1）是否符合。组织自身职业健康安全管理体系的要求，包括职业健康安全方针和职业健康安全目标；本标准的要求。

（2）是否得到了有效的实施和保持。

9.2.2 内部审核过程

9.2.2.1 职责

（1）管理部负责制定《内部审核控制程序》，编制年度内部审核计划，组织、协调审核的进行。

（2）管理者代表负责批准审核计划，任命审核组长，批准审核报告，向总经理报告审核结果。

（3）受审核方配合审核组开展审核，并针对审核组提出的不符合项制定纠正、预防措施并负责实施。

9.2.2.2 内审过程控制

（1）策划、建立、实施并保持一个或多个内部审核方案，包括实施审核的频次、方法、职责、协商、策划要求和报告。策划、建立、实施和保持内部审核方案时，公司除了应考虑相关过程的重要性和以往审核的结果外，还应考虑：影响组织的重要变更、绩效评价和改进结果、重要的职业健康安全风险和职业健康安全机遇。

（2）规定每次审核的准则和范围。

（3）选择胜任的审核员并实施审核，确保审核过程的客观性与公正性。

（4）确保向相关管理者报告审核结果。

（5）确保向相关的员工、员工代表（如有）及有关的相关方报告相关的审核发现。

（6）采取适当的措施应对不符合和持续改进其职业健康安全绩效。

（7）公司应保留文件化信息，作为审核方案实施和审核结果的证据。

9.2.3 相关文件：《内部审核控制程序》。

9.3 管理评审

9.3.1 总则。最高管理者应按计划的时间间隔对组织的职业健康安全管理体系进行评审，以确保其持续的适宜性、充分性和有效性。管理评审应包括对下列事项的考虑。

（1）以往管理评审所采取措施的状况。

（2）与职业健康安全管理体系相关的内外部问题的变更，包括：适用的法律法规要求和其他要求，组织的职业健康安全风险和职业健康安全机遇。

（3）职业健康安全方针和职业健康安全目标的满足程度。

（4）职业健康安全绩效方面的信息，包括以下方面的趋势。

①事件、不符合、纠正措施和持续改进。

②员工参与和协商的输出。

③监视和测量的结果。

④审核结果。

⑤合规性评价的结果。

⑥职业健康安全风险和职业健康安全机遇。

（5）与相关方的有关沟通。

（6）持续改进的机遇。

（7）为保持有效的职业健康安全管理体系所需的资源的充分性。

具体执行参考《管理评审控制程序》。

10. 改进

10.1 事件、不符合和纠正措施

10.1.1 建立并保持《事故报告、调查与处理控制程序》以及《不符合、纠正与预防措施控制程序》；明确公司向执法部门报告事故的机制，规定事故调查的程序、处理的原则和方法，以满足职业健康安全管理体系的运行要求；对不符合进行调查和处理，并采取措施减少由此产生的影响，避免产生新不符合。

10.1.2 职责

10.1.2.1 事故报告、调查与处理

（1）管理者代表负责组织、协调、解决、监督公司的事故报告、调查与处理工作。

（2）技术部按程序文件要求做好事故报告工作，负责组成调查组开展事故调查并提出调查处理意见。

（3）各部门负责或参与本部门发生事故的报告、调查与处理，对重大事故的调查工作给予支持。

10.1.2.2 不符合、纠正与预防措施

（1）管理部负责不符合项纠正、预防措施的检查和跟踪验证。

（2）相关单位负责对不符合查清原因，制定并实施纠正与预防措施。

10.1.3 控制要求

10.1.3.1 事故报告、调查与处理的控制要求

（1）管理部规定公司事故的报告、调查与处理程序。

（2）重大事故发生后，管理者代表负责事故报告、调查与处理工作。一般事故亦可由管理者代表指定人员负责事故报告、调查与处理工作。

（3）事故发生之后，现场有关人员应立即直接或逐级报告管理者代表。

（4）重大事故发生之后，在报告的同时应及时抢救受伤人员。技术部、管理部、管理者代表、总经理接报告后应立即赶赴现场组织救援，采取措施，防止事故扩大。

（5）管理者代表或管理部负责重伤或重大事故调查工作，按《事故报告、调查与处理控制程序》的要求形成调查报告。

（6）任何事故的处理均应按"三不放过"原则进行，管理部应建立事故档案。

10.1.3.2 事件、不符合和纠正措施。公司策划、建立、实施和保持一个过程，以管理事件和不符合，包括报告、调查和采取措施。当发生事件或不符合时，公司应做到以下方面。

（1）对事件或不符合作出及时反应，并且适用时采取下列措施

① 直接采取措施控制并纠正该事件或不符合。

② 处理后果。

（2）评价消除事件或不符合根本原因的措施需求，以防止不符合再次发生或在其他地方发生。评价时应有员工参与和其他有关相关方的参加。通过以下方式评价。

① 评审事件或不符合。

② 确定事件或不符合的原因。

③ 确定是否存在或是否可能发生类似的事件或不符合。

（3）适当时，评审职业健康安全风险的评价情况。

（4）确定并实施与控制层级和变更管理相一致的任何所需的措施，包括纠正措施。

（5）评审所采取的任何纠正措施的有效性。

（6）必要时，对职业健康安全管理体系进行变更。纠正措施应与所发生的事件或不符合造成的影响或潜在影响相适应。组织应保留文件化信息作为下列事项的证据：事件或不符合的性质和所采取的任何后续措施；任何纠正措施的结果，包括所采取措施的有效性。

公司与相关的员工和员工代表（如）及有关的相关方沟通该文件化信息。

10.1.4 相关文件：《事故报告、调查与处理控制程序》《不符合、纠正与预防措施控制程序》。

10.2 持续改进

10.2.1 持续改进目标。公司持续改进职业健康安全管理体系的适宜性、充分性与有效性，以达到以下目标。

（1）预防事件和不符合的发生。

（2）宣传正面的职业健康安全文化。

（3）提升职业健康安全绩效。适当时，公司确保员工参与实施其持续改进目标。

10.2.2 持续改进过程。公司在考虑本标准描述的活动输出的基础上，策划、建立、实施和保持一个或多个持续改进过程。公司与其相关的员工及员工代表（如有）沟通持续改进的结果。公司保留文件化信息，作为持续改进的证据。

附件：职能分配表

职能分配表

章节号	名称	总经理	管代	业务部	采购部	生产部	财务部	品管部	行政部	技术部
4.1	组织所处的环境	▲	△	△	△	△	△	△	△	△
4.2	员工及相关方的需要和期望	▲	△	△	△	△	△	△	△	△
4.3	确定职业健康管理体系的范围	▲	△	△	△	△	△	△	△	△
4.4	职业健康安全管理体系总要求	△	▲	△	△	△	△	△	△	△
5.1	领导作用和承诺	▲	▲	△	△	△	△	△	△	△
5.2	职业健康安全方针	▲	△	△	△	△	△	△	△	△
5.3	岗位、责任、职责与权限	△	▲	△	△	△	△	△	△	△
5.4	参与和协商	△	▲	△	△	△	△	△	△	△
6.1	应对风险和机遇的措施	△	▲	▲	▲	▲	▲	▲	▲	▲
6.1.1	总则	△	▲	△	△	△	△	△	△	△
6.1.2	危险源辨识和职业健康安全风险评价	△	▲	▲	▲	▲	▲	▲	▲	▲
6.1.3	法律法规与其他要求评定	△	▲	△	△	△	△	△	△	△
6.1.4	措施的策划	△	▲	△	△	△	△	△	△	△
6.2	职业健康安全及其实现的策划	▲	△	△	△	△	△	△	△	△

注：▲：主要职责，△：参与职责。

范本7.03
危害辨识和风险评估管理控制程序

1. 目的

对本公司能够控制和可望施加影响的危害因素进行辨识和评价，并从中评价出重要危害因素，为实施运行控制和改善安全卫生行为提供依据。

2. 范围

本程序适用于公司范围内及相关方危害辨识和危险评价。

企业职业健康与应急全案（实战精华版）

3. 职责

3.1 各部门负责辨识和评价本部门的危险因素。

3.2 安全主任负责辨识和评价相关方的危险因素。

3.3 安全主任负责危险因素的汇总、审核，组织评价和确定重要危险因素，各部门协助。

3.4 OHS管理者代表负责重要危险因素评价结果的审批。

4. 工作程序

4.1 危害因素的辨识与风险评价工作程序

4.1.1 危害因素的辨识与评价范围分两大部分。

4.1.2 公司内部：即公司各部门自身的日常办公活动以及行政管理活动范围。

4.1.3 相关方：即公司对行政管辖区域内建筑施工或供货商可望施加影响的活动、产品、服务范围。

4.1.4 各部门首先应按照本程序的内容和要求，分别识别出内部自身的和对口业务相关方的能够控制和可望施加影响的危害因素，并加以判断，评价出具有重大危害影响或可能具有重大危害影响的因素。辨识和评价的结果应分别填写在"危害辨识与风险评价清单"上，经部门负责人审核确认后递交安全主任。

4.1.5 安全主任对各部门交送的结果进行复核，必要时加以补充，将最终整理出的结果填写"危害辨识与风险评价清单"，交管理者代表审核。

4.1.6 各部门将本部门确认后的危害辨识及风险评价清单留存一份，向本部门的员工进行宣传，以便明确本部门的危害因素对其加以控制和施加影响。危害辨识与风险评价工作每年进行一次，由安全主任组织进行。

4.1.7 各部门在发生以下情况时应重新辨识与评价危害因素，及时更新。

（1）相关的管理或服务发生变化（增加或减少）。

（2）有关的安全法律、法规修订或废除。

（3）本公司的发展规划作调整或开发建设发生较大变化。

（4）定期测量结果发生变化。

（5）材料、设施或设备发生变更。

（6）发生了紧急情况或安全事故。

（7）相关方有建议或抱怨。

4.1.8 重新辨识和评价危害因素的程序按4.1.1、4.1.2、4.1.3、4.1.4款进行。

4.2 在进行危害因素评价时应考虑以下方法：各部门负责人对各自辨识出的危害因素逐一进行评价，评价时可采用是非判断法、作业条件危险评价法进行。

4.2.1 是非判断法。凡属于以下情况之一者就可以直接评价为重要危害因素。

（1）违反相关的国家或地方法律法规要求的。

（2）可能在紧急情况下产生重大危害影响或人员伤亡的。

（3）违反相关方的合理要求或相关方有严重的合理抱怨的。

4.2.2 作业条件危险评价法。不能用是非判断法直接评价的，可以采用半定量计算法，

204

也即作业条件危险评价法，计算每种危险源所带来的风险采用如下方法：

$$D = LEC。$$

式中 L——发生事故的可能性大小。将发生事故可能性极小的分数定为0.1，而必然要发生的事故的分数定为10，介于这两种情况之间的制定为若干中间值，如下表所示。

事故发生的可能性（L）

分数值	事故发生的可能性
10	完全可以预料
6	相当可能
3	可能、但不经常
1	可能性较小、完全意外
0.5	很不可能、可能设想
0.2	极不可能
0.1	实际不可能

E——暴露于危险环境的频繁程度。人员出现在危险环境中的时间越多，则危险性越大。连续出现在危险环境情况定为10，非常罕见地出现在危险环境中定为0.5，介于两者之间的各种情况规定若干个中间值，如下表所示。

暴露于危险环境中频繁程度（E）

分数值	频繁程度
10	连续暴露
6	每天工作时间内暴露
3	每周一次，或偶然暴露
2	每月一次暴露
1	每年几次暴露
0.5	非常罕见地暴露

C——发生事故产生的后果。事故造成的人身伤害与财产损失变化范围极大，所以规定分数值为1～100，把需要救护的轻微伤害或较小财产损失分数规定为100，其他情况数值为1～100，如下表所示。

发生事故产生的后果（C）

分数值	发生事故产生的后果
100	大灾难、许多人死亡
40	灾难、数人死亡

续表

分数值	发生事故产生的后果
15	非常严重、一人死亡
7	严重、重伤
3	重大、致残
1	引人注目，需要救护

4.2.3 危险等级划分。依据风险值D来确定风险级别，而这个界限值并不是长期固定不变，在不同时期，应根据其具体情况来确定风险级别的界限值，以符合持续改进的思想。下表内容可作为风险级别界限值的参考。

危险等级划分（D）

D值	危险程度
＞320	极其危险，不能继续作业
160～320	高度危险、需立即整改
70～160	显著危险、需要整改
20～70	一般危险、需要注意
＜20	稍有危险、可以接受

4.2.4 根据D值决定危害因素是否为可接受的风险：D值在70分以下的危害因素为可接受的危险，D值在70分以上者为不可接受的风险，并将其划分为三级，第三级最重要，不可接受的风险须作优先等级鉴定。

4.3 优先等级鉴定

安全主任根据危险评估表内对安全影响的重要性，评定优先等级，但是如果在4.2.1款中判断为重要危害因素的即列为最优先等级。

第一级：320分以上，必须立即采取行动。不符合安全法规要求，或根据《对内外沟通程序》中外部团体所关注的问题，同时也列作第一级优先评定。

第二级：160～320分的，列入近期或中期目标、指针改善。

第三级：70～160分的，不立即采取行动，列入运作控制，并入目标、指针改善。

4.4 修订

4.4.1 重要危害因素及风险评价记录应保持其适用性，如有下列情况，应考虑重新执行鉴定重要性及优先等级，以更新记录。

（1）公司产品、服务或活动有变更的。

（2）法律法规变更时。

（3）项目新、改、扩建时。

（4）采用纠正预防措施时须对可能带来的危害因素作风险评估。

（5）相关团体意见或要求改变的。

（6）主要客户意见改变时。

5. 相关记录

5.1 危害辨识及风险评价清单。

5.2 重要危害因素一览表。

范本7.04

职业健康安全运行控制程序

1. 目的

对经风险评价认定的影响企业员工职业健康安全的危险因素需采取控制措施，策划其相应的过程和活动，依法规定运行程序和准则，消除或降低风险，保障员工健康，预防职业病，确保职业健康安全方针、目标和指标的实现。

2. 适用范围

本程序适用于职业健康安全管理体系运行中，对工作场所、过程、作业、安全设施、防护装置、机械设备、交通、消防和员工健康保障等方面的风险进行运行控制。

3. 职责

3.1 管理者代表负责本程序的建立、实施，并推动体系实施的持续性。

3.2 技术质量处负责组织对本程序运行策划、测量、检查；各单位负责对本单位人员业务活动过程中的健康及安全风险进行管理。

3.3 人力资源处负责公司全体员工有关职业健康方面的各项业务管理工作，包括职工体检、社会保险、事故报案、疾病处理、劳动保护等；执行《员工职业健康保护条例》MI-2-22。

3.4 办公室负责机关重要危险源的安全管理，包括制定管理措施、管理方案或应急预案，并组织实施。负责全公司有关职业健康安全用品的采购、保管和发放。

3.5 监理部在搞好自身的职业健康安全管理的同时，还要加强对施工现场的安全监督检查，对施工活动中的重要危险源和安全风险实施有效控制。

4. 工作程序

4.1 职业健康安全管理策划

4.1.1 技术质量处年初制定公司年度职业健康安全计划，根据危险源辨识和评价的结果，确定年度安全目标，各部门按照公司的安全目标，结合本部门的实际，确定本部门的目标，列入计划考核，公司与监理部签订安全责任书。

4.1.2 职业健康安全风险应考虑以下方面：机械性的；化学性的；电能、热能；放射性事故；坠落及跌倒事故；崩塌事故；交通事故；起重事故；其他职业危害导致的职业病事故（粉尘、噪声、高温、灼烫等）。

4.2 运行控制

4.2.1 公用场所风险控制。确认在以下场所是否有可能导致危险发生的健康与安全隐患，这些场所主要有：办公室、物品存储室及业务活动区域.

（1）办公场所控制要求：①通道清洁便于通行；②电梯运行正常；③存储区整洁，火源附近未存放易燃品；④文件柜在不使用时关闭，以防发生落物伤害；⑤无障碍接近灭火器，有正确的标志指示灭火器的位置，灭火器处于完好状态，有正确的出口标志；⑥电源开关盒有标记，插座的状况完好；⑦电器设备接地良好，电源线状况良好；⑧电源线未超负荷（跳闸\保险丝烧断\线路发热等）；⑨未使用不恰当的外接电线；⑩空调过滤器定期清洁。

（2）存储室控制要求

①房屋管理、地面、通告、灭火器、电源开关盒、电器设备接地、电源线状况、电源线路负荷等符合安全要求。

②物品放置整齐并有重量限制。

（3）业务活动区域控制要求

①通道清洁便于通行；②电梯运行正常，高空上方无隐患；③存储区整洁，火源附近未存放易燃物品；④文件柜在不使用时关闭，以防发生落物伤害；⑤无障碍接近灭火器，有正确的标志指示灭火器的位置，灭火器处于完好状态，有正确的出口标志；⑥电源开关盒有标记，插座的状况完好；⑦电器设备接地良好，电源线状况良好；⑧电源线未超负荷（跳闸\保险丝烧断\线路发热等）；⑨未使用不恰当的外接电线。

4.2.2 车辆使用风险控制

（1）建立项目车辆安全管理规定。

（2）编制交通运输应急预案。

4.2.3 工程现场风险控制

（1）交通安全、消防安全、危险品安全管理按相关法规执行。

（2）高空作业、设备、工具、管理等按相应规程执行。

（3）采取有效措施，严格控制触电、塌方及机械损伤等恶性事故发生。

4.3 健康与卫生

4.3.1 气温变化控制

（1）评估作业环境，以识别可能导致热应力和冷应力的区域。作业场所的评价应包括：温度、湿度、空气流动性及员工的调整。

（2）在气温变化较高的场所作业，在条件许可的情况下，采取通风遮盖及安装空调等工程措施。条件不许可时，实施管理控制措施降低热功当量应力影响。如防暑、降温、轮换作业等。

（3）在气温比较低的天气作业，应创造干燥、温暖的作业环境，建立防寒保护设施，或采取高速作业时间以及为员工提供个人防护用品等措施。

4.3.2 饮食卫生控制

（1）主要关心的问题包括：传染病、食物中毒、由于食物中的病菌导致食物中毒。要遵守卫生部门的规定，关注地方疾病的预防工作。

（2）饮用水应符合安全卫生标准。

4.4 重大危险源控制措施的宣传贯彻

4.4.1 经领导批准的专项控制措施，应进行及时的宣传或交底，确保操作人员清楚如何进行有效的实施。

4.4.2 对于购买或租用的货物、设备和服务（劳务分包）中已辨识的重大危险源，应以书面的形式，通报（各期交底或签订安全协议）供方。

4.5 运行控制措施实施与检查

4.5.1 领导批准的专项运行控制措施，应明确实施单位和人员的职责，并在相关活动的不同阶段，检查和验证其实施情况，保持相关的检查记录，确保有效的实施。

4.5.2 技术质量处会同有关部门每季对各监理部的健康安全状况进行抽查。

4.5.3 项目监理部结合生产实际，对施工全过程进行不定期的监督检查；并根据运行控制措施策划的要求，进行安全检查，执行《工程监理安全管理制度》。

4.6 对日常检查中发现的问题，要立即采取措施督促其进行整改，要及时消除或降低风险，确保职业健康安全。

4.7 公司对所有涉及职业健康的员工，每两年进行一次体检，并根据实际情况，安排适当的休息。

范本7.05
安全事故事件调查管理程序

1. 目的

为规范对事故/事件的报告、调查分析与处理，总结经验，吸取教训，降低或消除对本公司员工及相关方人员的伤害，防止类似事故再次发生，特制定本程序。

2. 适用范围

适用于本公司员工及在本公司区域内的相关方人员在工作过程中发生的人身伤亡事故，和没有造成人员人身伤亡的虚惊事件的报告、调查和处理。

3. 术语与定义

3.1 事故：已经造成死亡、疾病、伤害、损坏或其他损失的意外情况。

3.2 安全：免除了不可接受的损害风险的状态。

3.3 事件：导致或可能导致事故的情况。

3.4 虚惊事件：没有导致人员伤亡的意外情况。

4. 职责

4.1 总经理。为本公司安全生产第一责任人，负责组织造成人员重伤及死亡的事故的调查、处理工作。

4.2 行政部。负责事故/事件的调查分析工作；负责收集事故相关资料，并提出处理意见；负责向上级有关部门上报有关事故/事件的信息。

4.3 事故部门及部门的员工代表。参与事故/事件调查分析工作。

5. 工作流程和内容

5.1 事故报告

5.1.1 事故发生后，事故当事人或发现人应立即报告部门主管，或由部门主管报告行政部。对有人身伤亡的交通、火灾、爆炸事故和中毒事故，应立即拨打110、120、119电话报警和请求救援。

5.1.2 行政部接到事故报告后，应迅速采取有效措施，组织抢救，防止事故扩大，减少人员伤亡和财产损失，并向总经理汇报。发生人员重伤或死亡时总经理应及时向安监办等相关政府机构报告。

5.1.3 事故所在部门主管参与事故调查，并填写《安全事故报告处理表》报行政部。

5.1.4 报告事故应当包括的内容有：事故发生情况经过；事故发生的时间、地点以及事故现场情况；事故已经造成或者可能造成的伤亡人数（包括下落不明的人数）和初步估计的直接经济损失；已经采取的紧急措施及其他应当报告的情况。

5.2 事故调查

5.2.1 行政部负责组织事故调查小组对各类事故的调查、原因分析，调查小组的人员应包括：安全主任、发生事故的部门负责人、部门员工代表或工会代表，必要时邀请外部的技术专家。

5.2.2 事故调查小组应查明事故发生的经过、原因、人员伤亡情况及直接经济损失；认定事故的性质和事故责任；提出对事故责任者的处理建议；总结事故教训，提出防范和整改措施；事故调查组有权向事故有关单位和人员了解事故有关的情况，并要求提供相关文件、资料，有关单位和个人不得拒绝。

5.2.3 事故调查的结果记录在《安全事故报告处理表》中。

5.3 事故处理

5.3.1 事故处理坚持"四不放过"的原则，即事故原因未查清不放过、责任人员未处理不放过、整改措施未落实不放过、有关人员未受到教育不放过。

5.3.2 行政部应根据事故调查小组的《安全事故报告处理表》的调查结论对事故责任部门和责任人进行处理。

5.3.3 出现人员重伤或者死亡的事故，由政府相关部门负责处理，行政部负责配合政府部门的处理工作。

5.3.4 事故处理的结果记录在《安全事故报告处理表》中。

5.4 事故整改措施的落实

5.4.1 事故责任部门应根据《安全事故报告处理表》中事故调查小组提出的整改措施

和意见，组织落实各项整改措施。

5.4.2　整改措施落实的证据与《安全事故报告处理表》保存在一起。

5.5　事故统计

5.5.1　行政负责收集本公司发生的各类事故（包含虚惊事故），并进行统计分析，每半年对所发生的事故进行一次统计分析，记录在《安全事故情况统计表》，并书面上报管理者代表。

6. 相关文件

无。

7. 相关表格

7.1　《安全事故报告处理表》。

7.2　《安全事故情况统计表》。

7.2.7　体系试运行

体系试运行与正式运行无本质区别，都是按所建立的职业健康安全管理体系手册、程序文件及作业规程等文件的要求，整体协调地运行。

试运行的目的是要在实践中检验体系的充分性、适用性和有效性。组织应加强运作力度，并努力发挥体系本身具有的各项功能，及时发现问题，找出问题的根源，纠正不符合情况并对体系给予修订，以尽快度过磨合期。

7.2.8　内部审核

职业健康安全管理体系的内部审核是体系运行必不可少的环节。体系经过一段时间的试运行，企业应当具备了检验建立的体系是否符合职业健康安全管理体系标准要求的条件，应开展内部审核。职业健康安全管理者代表应亲自组织内审。内审员应经过专业知识的培训。如果需要，组织可聘请外部专家参与或主持审核。内审员在文件预审时，应重点关注和判断体系文件的完整性、符合性及一致性；在现场审核时，应重点关注体系功能的适用性和有效性，检查是否按体系文件要求去运作。表7-5所列可以在内审过程中灵活运用。

表7-5　ISO 45001:2018职业健康安全管理体系内审检查表

审核依据	ISO 45001:2018职业健康安全管理体系		审核说明	若该条款不适用于该部门则用"NA"进行说明
审核人员		被审核部门	审核时间	

续表

条款要求	审核要点	审核方法	审核记录	条款是否适用	符合性
4 组织所处的环境		查：组织内外部问题清单			
4.1 理解组织及其所处的环境	是否有证据表明组织对其所处的内外部问题进行分析	查：组织针对内外部问题进行的评审会议记录			
		查：针对内外部问题制定的纠正和预防措施			
4.2 理解员工及其他相关方的需求和期望	是否有证据表明组织理解相关方的需求和期望	查：组织相关方的需求和期望清单			
		查：组织针对相关方的需求和期望进行的评审会议记录			
4.3 确定职业健康安全管理体系范围	组织是否对职业健康安全管理体系的边界和适用性进行确定	查：组织是否在职业健康安全管理手册中对职业健康安全管理体系的边界和适用性进行说明			
		查：针对职业健康安全管理体系边界和适用性评审的会议记录			
		查：影响职业健康安全绩效组织的活动、产品和服务是否被涵盖在其中			
4.4 职业健康安全管理体系	组织是否建立、实施、保持和持续改进职业健康安全管理体系	查：组织是否编制职业健康安全管理体系手册			
		查：组织职业健康安全管理体系的评审记录以及更新记录			
		查：组织是否制定持续改进计划来不断改进职业健康安全管理体系			
5 领导作用与员工参与	组织是否有证据表明最高管理者在职业健康安全方面发挥了领导作用和作出相关职业健康安全保证的承诺	查：最高管理者针对职业健康安全召开的会议记录以及相关承诺说明			
5.1 领导作用与承诺		查：组织是否针对职业健康安全制定相关的企业文化			
		查：最高管理者针对职业健康安全进行的相关培训记录			

续表

条款要求	审核要点	审核方法	审核记录	条款是否适用	符合性
5.2 职业健康安全方针	是否有证据表明最高管理者通过与各层次员工协商后建立、实施并保持职业健康安全方针	查：组织的职业健康安全方针			
		查：组织制定职业健康安全方针进行的评审会议记录			
		查：现场员工是否理解并支持组织制定的职业健康安全方针			
	组织是否向与组织经营相关的相关方传达组织质量方针	查：组织与组织经营相关的相关方对制定的职业健康安全方针进行的沟通记录			
5.3 组织的岗位、职责、责任和权限	是否有证据表明组织为实施、保持和改进职业健康安全管理体系对相关部门和人员的职责、责任和权限进行说明	查：组织架构图			
		查：组织岗位说明书			
		查：最高管理者是否指定专人向其汇报职业健康安全管理体系绩效			
		查：组织内员工是否知晓为实施、保持和改进职业健康安全管理体系其所要承担的职责			
5.4 参与和协商	组织是否为确保组织控制下的员工参与建立、策划、实施评价和改进职业健康安全管理体系采取相关的措施	查：组织是否编制相关的程序文件			
		查：组织是否编制相关的员工参与方案			
		查：组织是否建立妨碍参与的障碍或障碍物清单			
		查：组织为提高员工对职业健康安全管理体系理解所进行的相关培训记录			
		查：组织是否编制相关岗位人员参与职业健康安全管理体系的项目清单			
6 策划		查：风险和机遇清单			
6.1 应对风险和机遇的措施	组织是否为应对职业健康安全的风险和机遇实施与保持相关过程	查：风险和机遇评审记录			
		查：组织是否为应对风险和机遇制定相关措施及实施方案			
6.1.1 总则		查：组织是否评价相关措施的有效性并保留相关记录			

条款要求	审核要点	审核方法	审核记录	条款是否适用	符合性
6.1.2 危险源辨识和职业健康安全风险评价	组织是否针对影响职业健康安全的危险源进行辨识	查：组织是否编制危险源风险识别和评价管理程序			
		查：组织危险源清单			
		查：组织危险源风险评价表			
		查：组织危险源风险评价方法和准则清单			
		查：组织是否编制机遇识别管理程序			
6.1.3 确定适用的法律法规要求和其他要求	组织是否实施过程已识别适用的法律法规要求和其他要求	查：组织是否编制适用的法律法规要求和其他要求识别管理程序			
		查：组织是否编制适用的法律法规要求和其他要求清单			
		查：组织针对适用的法律法规要求和其他要求的评审以及更新记录			
		查：适用的法律法规要求和其他要求风险和机遇评价表			
		查：组织是否确定如何将适用的法律法规要求和其他要求运用于组织中的过程方法			
		查：组织是否为识别适用的法律法规要求和其他要求确定所需的资源			
		查：组织为应对适用的法律法规要求和其他要求所制定的措施及实施方案			
		查：组织是否评价相关措施的有效性并保留相关记录			
6.2 职业健康安全目标及其实现的策划	组织是否建立职业健康安全目标并根据不同层级进行目标分解	查：组织职业健康安全目标及其分解目标			
6.2.1 职业健康安全目标		查：组织职业健康安全目标的测量方法以及对应的测量结果			
		查：组织针对定期测量职业健康安全目标结果进行的评价及更新记录			

条款要求	审核要点	审核方法	审核记录	条款是否适用	符合性
6.2.2 实现职业健康安全目标的策划	组织是否为实现职业健康安全目标实施相关的实现过程	查：组织是否为实现职业健康安全目标进行过程策划			
		查：组织是否为实现职业健康安全目标明确过程方法			
		查：组织是否明确各个过程的责任人			
		查：组织是否为实现职业健康安全目标确定所需要的资源			
		查：组织为监控是否实现职业健康安全目标明确相关的测量方法及评价准则			
		查：组织是否明确各个时间阶段需实现的职业健康安全目标			
7 支持	组织是否为建立、实施、保持和改进职业健康安全管理体系确定所需的资源	查：组织的年度岗编计划			
7.1 资源		查：组织基础设施清单：环境改善设备清单、环境监视和测量装置清单等			
7.2 能力	组织是否为实现职业健康安全目标确保组织控制下的人员具备所需的能力	查：组织的岗位说明书			
		查：组织为提高员工能力所采取的措施记录，包括：培训、教育、入职引导以及经历等			
		查：组织验证措施有效的相关记录，如：外部资格考试、内部技能考试等			
7.3 意识	组织是否为实现职业健康安全目标确保组织控制下的人员具备相关的职业健康安全意识	查：组织控制下的员工是否知晓和理解组织的职业健康安全方针			
		查：组织控制下的员工是否知晓其为实现职业健康安全绩效所发挥的作用以及潜在的危险			
		查：组织控制下的员工是否知晓其工作环境下所处的危险源和风险			

条款要求	审核要点	审核方法	审核记录	条款是否适用	符合性
7.4 信息和沟通	组织是否为实现职业健康安全目标和组织相关方采取必要的信息沟通	查：组织是否建立信息和沟通管理程序			
		查：组织与相关方关于目标的沟通及评价记录			
		查：组织是否建立相关方的联系方式			
7.5 文件化信息	组织是否为确保文件信息得到有效管理实施相关的管理过程	查：组织的文件化信息清单，包括：内部体系文件清单、外来文件清单			
		查：组织定期对公司现有文件评审及更新记录以确保能满足职业健康安全管理体系的有效性、适宜性、充分性			
		查：组织是否建立有相关的文件化信息管理过程			
		查：文件变更记录			
		查：文件发放、访问、借阅、回收、处置等记录			
		查：相关文件的保存期限清单			
		查：组织的文件在使用前是否进行审核和批准以确保其适宜性和充分性			
8 运行		查：组织是否编制过程分析表			
8.1 运行策划和控制	组织为实现职业健康安全管理如何进行策划和控制	查：过程的相关监视和测量结果及其评价记录			
		查：组织是否为实现减少职业健康安全风险实施相关的过程			
		查：组织为实现减少职业健康安全风险采取的措施方案清单			
8.2 变更管理	组织是否对影响职业健康安全管理绩效的计划变更进行有效管理	查：组织是否编制计划变更管理程序			
		查：组织的计划变更清单			
		查：组织的计划变更的相关信息记录			
		查：组织针对变更后果进行的相关的风险和机遇评价记录			
		查：组织针对变更可能导致的不利影响采取的相关纠正措施记录			

条款要求	审核要点	审核方法	审核记录	条款是否适用	符合性
8.3 外包	组织为实现职业健康安全目标对相关外包过程实施监督和控制	查：组织是否编制外包过程管理程序			
		查：组织的外包过程清单			
		查：组织针对外包过程采取的控制方法清单			
8.4 采购	组织是否对采购的物资采取控制措施以确保采购的物资满足职业健康安全管理体系要求	查：组织是否编制采购物资管理程序			
		查：组织的合格供方清单			
		查：组织的采购物资的检验记录			
8.5 承包商	组织为实现职业健康安全目标是否对相关承包商作业过程实施监督和控制	查：组织是否编制承包商管理程序			
		查：组织的合格承包商清单			
		查：组织是否针对与承包商活动或人员有关的风险源进行辨识和风险进行控制			
		查：组织是否针对承包商选择相对应的职业健康安全准则			
8.6 应急准备和响应	组织是否针对可能潜在的紧急情况制定相关的应急方案	查：组织是否编制应急准备和响应管理程序			
		查：组织的应急方案			
		查：组织针对应急方案进行的相关培训记录			
		查：组织针对应急方案进行的相关演练记录			
		查：组织的应急物资清单			
		查：组织针对应急响应的过程评价记录及其相关的计划更新记录			
		查：组织控制下的员工是否知晓在应急响应下所需承担的职责和权限			
		查：组织是否定期向相关方沟通应急反应计划的相关信息			

续表

条款要求	审核要点	审核方法	审核记录	条款是否适用	符合性
9 绩效评价		查：组织是否编制绩效管理程序			
9.1 监视、测量、分析和评价	组织是否定期对职业健康安全绩效进行监视、测量、分析和评价	查：组织的监视和测量项目清单			
9.1.1 总则		查：绩效使用的监视和测量装置的校准/检定记录			
		查：组织针对职业健康安全绩效进行的相关评价记录			
		查：组织针对职业健康安全绩效的监视和测量结果			
9.1.2 法律法规要求及其他合规性要求的评价	组织是否针对法律法规要求和其他合规性要求进行评价	查：组织是否编制法律法规要求和其他合规性要求评价管理程序			
		查：法律法规要求和其他要求的合规性评价记录			
		查：法律法规要求和其他要求的合规性评价方案			
9.2 内部审核	组织是否按计划实施内部审核并针对内部审核问题制定纠正措施	查：组织内部审核管理程序			
		查：组织内部审核计划			
		查：组织内部审核结果			
		查：组织针对内部审核问题制定的纠正措施和对措施有效性进行的验证记录			
		查：组织内部审核结果是否作为管理评审的输入			
		查：组织内审员清单			
		查：组织内审员相关的培训记录及其资格证明			

条款要求	审核要点	审核方法	审核记录	条款是否适用	符合性
9.3 管理评审	组织是否按计划实施管理评审并针对评审问题制定纠正及改进措施	查：组织是否编制管理评审程序			
		查：组织是否按计划实施管理评审并保留相关评审记录			
		查：组织管理评审报告			
		查：组织是否针对管理评审问题制定相关的纠正和改进措施			
		查：管理评审的输入和输出清单以及评价是否满足职业健康安全管理体系要求			
10 改进	组织是否为持续改进职业健康安全管理体系制定相关的改进措施	查：组织是否编制事件、不符合和纠正措施程序			
		查：组织是否定期对职业健康安全管理体系的有效性、适宜性和充分性进行评审，制定相关的改进措施			
		查：事件、不符合的调查报告以及针对其所采取的措施记录			
		查：组织是否对针对事件、不符合所采取措施的有效性进行验证确认			
		查：组织是否对针对事件、不符合采取纠正措施的后果进行评价			
		查：组织是否定期对相关方通报持续改进的效果			

7.2.9 管理评审

管理评审是职业健康安全管理体系整体运行的重要组成部分。管理者代表应收集各方面的信息供最高管理者评审。最高管理者应对试运行阶段的体系整体状态做出全面的评判，对体系的适宜性、充分性和有效性作出评价。依据管理评审的结论，可以对是否需要调整、修改体系作出决定，也可以作出是否实施第三方认证的决定。